Plantes
en bacs

Ouvrage publié pour la première fois en Allemagne en 2004
par BLV Verlagsgesellschaft mbH, München,
sous le titre *Kübelpflanzen*.

Traduction et adaptation : Valérie Garnaud d'Ersu
Relecture : Catherine Talamoni

PAO :
Nathalie Lachaud, Francis Rossignol

Photogravure :
Stéphanie Henry, Chantal Mialon

ISBN : 2-84416-196-0
N° d'éditeur : 84416
Dépôt légal : avril 2005

Achevé d'imprimer : mars 2005
Imprimé en Slovaquie par Polygraf Print GmbH, Presov

Plantes en bacs

Tanja Ratsch

Artémis
Éditions

Sommaire

Bien choisir les plantes pour la culture en bac

Bien choisir les plantes pour la culture en bac

Il en va avec les plantes cultivées dans un grand pot ou bac comme avec tous les autres aspects du jardinage, il faut faire ses premières expériences. Pour réussir avec ces plantes, commencez par un choix limité d'espèces et, bien sûr, choisissez les plus faciles. Vous apprendrez d'autant mieux à connaître leurs besoins individuels que vous aurez assez de temps à consacrer à chacune. Si les plantes sont nombreuses et nouvelles pour vous, vous aurez en effet du mal à les suivre individuellement, vous remarquerez souvent trop tard les erreurs de culture, les maladies ou parasites.

Entouré de belles plantes exotiques cultivées en bac, vous pourrez savourer en toute quiétude un verre de vin sur votre balcon ou terrasse.

Des plantes faciles

Quelles sont donc les plantes les plus faciles à cultiver en bac ? Ce terme fréquemment employé peut avoir plusieurs sens. On range souvent parmi les plantes faciles celles qui fleurissent généreusement et sans interruption, assurant des mois de floraison. Ce qui ne signifie pas nécessairement qu'elles sont faciles à entretenir. Au contraire, ces plantes très florifères demandent généralement des arrosages et apports d'engrais très réguliers pour fleurir sans relâche. Très vigoureuses, il faut aussi les tailler plusieurs fois dans la saison, les rempoter chaque année.

Les parasites aussi apprécient ces feuilles enrichies en éléments nutritifs. Ces plantes demandent donc en réalité une attention quotidienne ! En sont d'excellents exemples les plantes de la famille des Solanacées, qui comptent quelques arbustes très appréciés comme les solanums *(Solanum)*, cestrums *(Cestrum)* ou iochromas *(Iochroma)*, mais aussi les abutilons *(Abutilon)*, les hibiscus *(Hibiscus rosa-sinensis)* ou les lauriers-roses *(Nerium oleander)*.

La véritable facilité de culture caractérise au contraire des plantes qui :

– supportent bien des variations d'humidité du terreau,

– se révèlent résistantes aux maladies et parasites,

– ont une croissance raisonnable,

– s'adaptent à des conditions d'environnement variées.

Gardez donc un œil critique quant à cette prétendue facilité de culture et assurez-vous à l'achat en jardinerie des différentes qualités citées ci-dessus. Vous trouverez page 9 une sélection de plantes réellement faciles à cultiver.

Un bon choix pour les débutants, la plante-goupillon (Metrosideros excelsa), *d'entretien facile et indemne de parasites.*

D'autres plantes au contraire ont, à tort, la réputation d'être « difficiles ». Pour celles-ci, c'est bien souvent une règle facile à mettre en œuvre qui vaut à la plante sa mauvaise réputation. Si vous respectez cette règle ou ce besoin particulier, la culture de la plante devient alors un jeu d'enfant. C'est le cas par exemple des agrumes *(Citrus)* et des bougainvillées *(Bougainvillea)*, que vous conserverez durant des années si vous prenez soin de ne pas trop les arroser durant l'hiver.

Choisir des plantes appropriées

Une règle d'or : ne vous laissez pas séduire uniquement par une floraison extraordinaire ! Une fois que vous avez décidé d'aménager la terrasse ou de garnir de plantes la véranda récemment construite, vous brûlez généralement d'envie d'acheter des plantes. Méfiez-vous cependant de ces incursions non préparées dans les jardineries, où vous risquez de vous laisser influencer uniquement par les floraisons ou les feuillages remarquables.

Vous n'y trouverez pas toujours un choix de plantes adaptées à vos propres besoins et à vos capacités de jardinier, et le rêve d'un balcon méditerranéen peut parfois tourner au cauchemar ! C'est pourquoi il est plus sage avant tout achat, de prendre le temps de bien se renseigner sur les besoins des plantes repérées. Ce temps de réflexion vous fera gagner bien du temps dans l'entretien de vos plantes !

Souvent proposé dans les jardineries, le cassia (Cassia didymobotrya, *syn.* Senna didymobotrya) *compte parmi les espèces difficiles à conserver en hiver.*

1 COMMENCER PETIT OU GRAND ?

C'est le problème de l'embarras du choix : faut-il acheter la plante petite ou grande ? Les grandes plantes sont aussi les plus coûteuses. En contrepartie, elles font instantanément de l'effet et « meublent » bien l'emplacement choisi. Elles compensent par leur robustesse leur lenteur d'adaptation au nouvel environnement. Les jeunes plantes sont plus fragiles dans la phase difficile d'acclimatation. Elles sont plus exposées en cas d'erreurs de culture ou dans le choix de l'emplacement. Comme elles sont moins coûteuses, leur perte est aussi moins grave. Une solution intermédiaire est souvent la meilleure. Choisissez des plantes en croissance vigoureuse, âgées d'environ trois à cinq ans selon l'espèce, déjà assez robustes, mais aussi assez adaptables.

2 PEU DE PLACE, PEU DE PLANTES

Dans nos habitats urbains, la place manque bien souvent, aussi convient-il de réfléchir à la meilleure utilisation possible de l'espace disponible ! L'entretien d'une plante est d'autant plus simple qu'elle a d'espace à sa disposition. Le feuillage se développe harmonieusement lorsque la plante reçoit la lumière de toutes parts. Ce bon éclairement simplifie aussi la taille, car les couronnes déséquilibrées ou partiellement dégarnies sont alors

Plutôt qu'une collection disparate de petites plantes, quelques grands sujets en bac font beaucoup d'effet et vous laissent le temps de vous reposer !

l'exception. Lorsque les feuilles des différentes plantes ne se touchent pas, les parasites ne peuvent passer sans peine d'une plante à l'autre. Qui plus est, des plantes bien espacées sont plus faciles à arroser, soigner, que dans le cas d'une jungle de plantes en pots ! Les erreurs de culture sont aussi plus rapidement repérées et rectifiées. Veillez donc à ce que chaque sujet dispose d'un espace suffisant.

Ne vous fiez pas aux dimensions d'une plante à l'achat : ce qui importe est sa taille définitive. Même si c'est la question qui revient le plus souvent, la hauteur est rarement aussi problématique que l'étalement. Ainsi une vipérine *(Echium candicans)* ne dépasse guère 1 m de hauteur, ce qui semble raisonnable, mais peut atteindre 2 m

LES 10 PLANTES LES PLUS FACILES ET LES PLUS POPULAIRES POUR LA CULTURE EN BAC

Agapanthe *(Agapanthus)*, bougainvillée *(Bougainvillea)*, camélia *(Camellia japonica)*, agrumes *(Citrus)*, figuier *(Ficus carica)*, laurier-sauce *(Laurus nobilis)*, olivier *(Olea europaea)*, dentelaire du Cap *(Plumbago auriculata)*, grenadier *(Punica granatum)*, oiseau-de-paradis *(Strelitzia reginae)*.

D'autres plantes à recommander pour la culture en bac

Acca *(Acca sellowiana)*, agave *(Agave)*, oiseau-de-paradis *(Caesalpinia gilliesii)*, calliandra *(Calliandra tweedii)*, carissa *(Carissa macrocarpa)*, camphrier *(Cinnamomum camphora)*, toutes les espèces de palmiers, cordyline *(Cordyline)*, dasylirion *(Dasylirion)*, dodonéa *(Dodonea viscosa)*, dragonnier *(Darcaena draco)*, éléagnus *(Elaeagnus* x *ebbingei)*, Eremophila maculata, érythrine crête-de-coq *(Erythrina crista-galli)*, *Lagunaria patersonii*, lilas des Indes *(Melia azedarach)*, plante-goupillon *(Metrosideros excelsa)*, bambou sacré *(Nandina domestica)*, osmanthus *(Osmanthus)*, pandoréa *(Pandorea jasminoides)*, filaria *(Phillyrea angustifolia)*, lin de Nouvelle-Zélande *(Phormium tenax)*, pittosporum *(Pittosporum tobira)*, raphiolepis *(Rhaphiolepis)*, plante-corail *(Russelia equisetiformis)*, *Syzygium paniculatum*, jasmin étoilé *(Trachelospermum jasminoides)*, laurier-tin *(Viburnum tinus)*, agneau-chaste *(Vitex agnus-castus)*...

Même sans fleurs, les palmiers et strelitzias sont remarquables, tout en se contentant d'un entretien minimum.

de large ! Par comparaison, un arbre de soie *(Albizia)* qui atteint près de 5 m de hauteur, mais ne déploie sa couronne de feuillage léger qu'au sommet d'un tronc de 2 m, laisse finalement plus d'espace au sol. Hors période de floraison, les agaves en pot ne dépassent pas la hanche mais sont redoutables par leurs feuilles à bord épineux qui dissuadent toute approche. En conclusion, soyez modéré dans vos achats ! Commencez par quelques plantes qui constitueront un bon point de départ. Vous le constaterez vite, même si vous essayez d'être raisonnable, votre collection s'enrichira chaque année de quelques plantes : des cadeaux, des souvenirs de vacances, des boutures... Vous devrez vous occuper de chacune. C'est pourquoi il est plus facile de se limiter au départ à quelques plantes, que viendront peu à peu rejoindre de nouveaux sujets. Pour vous faire une idée de l'aspect d'une plante au bout de quelques années de culture, visitez les jardins botaniques. Ils comptent souvent des plantes en bac âgées de plusieurs dizaines d'années, ayant conservé leur silhouette naturelle ou bien taillées de façon très décorative.

3 DE L'IMPORTANCE DES SILHOUETTES

Gagner de la place ne signifie pas nécessairement renoncer à certaines plantes. Il est possible d'opter pour une disposition échelonnée. Sous la couronne légère d'un petit arbre peuvent prendre place de grands arbustes ou sujets formés sur tige, tandis qu'à leurs pieds viendront des plantes buissonnantes ou couvre-sol. Une même surface peut ainsi accueillir plus de plantes sans que celles-ci se gênent mutuellement. Comme les couronnes les plus hautes tamisent la lumière, les plantes basses doivent, dans une telle disposition par strates, supporter l'ombre.

Pour un effet d'ensemble réussi

S'il est bien sûr indispensable de tenir compte des besoins des plantes, il ne faut pas pour autant négliger vos propres goûts et envies. Car il ne s'agit pas seulement de prendre soin de votre jardin en pots, mais aussi d'en profiter pleinement ! Afin que les plantes créent un effet d'ensemble réussi, il faut rechercher des harmonies de teintes comme pour les plantes de jardin. Parmi les plantes exotiques, qui constituent l'essentiel des plantes cultivées en bac, ce sont bien sûr les floraisons les plus remarquables qui nous attirent. Mais attention, ces floraisons ne se marient pas toujours avec bonheur et peuvent même composer un tableau criard alors que c'est un effet d'ensemble harmonieux qu'il faut rechercher. Pensez donc à associer aux floraisons luxuriantes des plantes plus « utilitaires », dont le feuillage servira d'écrin aux fleurs très colorées et dont la floraison même sera plus discrète. Les plantes à feuillage décoratif sont en effet indispensables dans un jardin en pots et demandent un entretien moins attentif que les stars fleuries.

Même si agaves ou laurier-sauce ne sont pas vos plantes préférées, elles font beaucoup d'effet dans un ensemble à tonalité méditerranéenne.

Plantation et rempotage

Le bon moment

Chaque année se pose la question avec les plantes en bac de savoir si ces plantes ont besoin ou non d'un plus grand pot. La tentation est grande de les conserver dans des pots les plus petits possibles car il faut les rentrer pour l'hiver puis les sortir au printemps, ce qui implique à la fois un lieu d'hivernage et beaucoup de manutention !

1 Vérifier l'enracinement

Une plante ne demande pas systématiquement à être rempotée chaque année. Un nouveau contenant n'est nécessaire que lorsque les racines ont entièrement colonisé le volume de terre. Examinez la motte avant de décider : si le feutrage de racines masque le terreau, il est grand temps de rempoter. Si une partie du terreau s'effrite, non maintenue par les racines, le rempotage peut attendre un an. Si les plantes sont rempotées trop tôt, elles n'en tirent pas profit car elles sont plus exposées au risque d'humidité stagnante dans le terreau non colonisé par les racines. Qui plus est, nombreuses sont les plantes qui fleurissent mieux à l'étroit dans leur pot ! L'agapanthe *(Agapanthus)* en est un parfait exemple, qui développe certes un feuillage abondant dans un large pot, mais ne fleurit généreusement que lorsque ses racines ont colonisé tout le terreau. C'est souvent lorsque le pot menace de se fendre sous la pression des racines que l'agapanthe est le plus florifère. C'est la règle : une légère carence favorise la floraison !

Vous pouvez adopter comme règle générale le rythme de rempotage suivant :

– plusieurs rempotages dans l'année pour les jeunes plantes de moins d'un an,

Lorsque la motte de terre est entièrement colonisée par les fines radicelles, il faut rempoter en mars.

Un coup d'œil aux racines permet de voir s'il faut rempoter le cestrum dans un pot plus grand. Si le feutrage racinaire est trop dense, carences et humidité stagnante sont à redouter et la plante est freinée dans sa croissance.

Les Solanacées comme Acnistus australis *colonisent en l'espace de quelques mois tout le volume du pot.*

– deux rempotages dans la deuxième saison pour les espèces à croissance moyenne à vigoureuse,

– un rempotage annuel à partir de la troisième année,

– un rempotage tous les deux ans pour les plantes de plus de 7 ans,

– un rempotage tous les 3 à 5 ans pour les plantes de plus de 12 ans.

Espacez les rempotages pour les espèces à croissance lente.

2 UN BON DÉPART AU PRINTEMPS

La fin d'hiver – peu avant l'entrée en croissance des plantes – est le meilleur moment pour la plantation ou le rempotage. Pot plus grand et terreau frais constituent de véritables apports énergétiques pour la plante, qui entre en croissance avec d'autant plus de vigueur. Avec un pot plus grand, donc avec plus de volume, les racines colonisent rapidement le terreau frais et riche en éléments nutritifs, stimulées aussi par l'augmentation de la température et de la luminosité : vos plantes en bac abordent alors la nouvelle saison de croissance avec une vigueur maximale. Si au contraire au printemps, lorsque les plantes veulent reprendre leur croissance, le terreau est presque épuisé, la croissance peut être bloquée. Un épais feutrage racinaire laisse passer très peu d'oxygène et possède une faible capacité d'absorption de l'eau et des éléments nutritifs. La conséquence en est une « sous-alimentation » de la plante malgré les soins habituels.

3 REMPOTAGE DURANT L'ÉTÉ

Les espèces à croissance rapide ou bien les jeunes sujets colonisent souvent si rapidement leur pot au printemps qu'ils se trouvent à nouveau à l'étroit vers le milieu de l'été. Au lieu d'attendre le printemps suivant, mieux vaut les rempoter aussitôt, au besoin plusieurs fois dans la saison. Vous permettez ainsi à la plante de donner libre cours à sa vigueur naturelle. Cette vigueur aide d'ailleurs les plantes à résister aux maladies et parasites, car elles ne souffrent ainsi d'aucune carence.

4 POUR RETARDER LE REMPOTAGE

Chez les sujets déjà très développés, on souhaiterait souvent au contraire freiner la croissance. Sinon, les plantes demandent au bout de quelques années beaucoup trop de

1

2

3

1 - La méthode de découpe en coin des racines consiste à enlever des portions de la motte avant de la réinstaller dans le même pot.
2 - Découpez dans la motte entièrement colonisée par les racines trois ou quatre « portions » régulièrement espacées.
3 - Les espaces ainsi libérés seront comblés de terreau frais, que pourront coloniser de nouvelles radicelles, assurant de nouvelles possibilités de croissance.

place, leurs pots devenant si lourds qu'ils sont très difficiles à déplacer. Il s'agit alors de s'inspirer des méthodes du bonsaï qui, en limitant le développement des racines, limite aussi le développement des parties aériennes. À cet effet, on dépote la plante en mars et on coupe une partie des racines. Utilisez une scie pour enlever d'abord une partie cylindrique à la base de la motte de racines. L'épaisseur doit représenter environ un cinquième à un sixième de la hauteur totale de la motte. Dans un deuxième temps, découpez dans la motte conservée plusieurs « portions », ou « tranches » régulièrement réparties sur le pourtour de la motte. La pointe de chaque portion doit être distante d'au moins 5 cm de la base des tiges pour ne pas les blesser. Ces parts ne doivent pas excéder un huitième du total de la motte. Elles sont prélevées par deux coupes verticales dans toute la hauteur de la motte. Pour terminer, remettez la motte en place dans son pot, comblez les vides de terreau frais, puis arrosez copieusement.

Au besoin, l'opération peut être répétée un an ou deux ans plus tard, en prélevant des « parts » dans des zones non découpées la première fois. Il est par contre déconseillé de tronquer la motte sur tout le pourtour. En effet, cette opération supprime la plus grande partie des radicelles, ces fines racines qui absorbent l'eau et les éléments nutritifs. La technique des « parts de gâteau » permet au contraire d'éliminer une partie des racines supports tout en conservant suffisamment de radicelles pour la croissance.

Le bon terreau pour les plantes

❶ QU'EST-CE QUI CARACTÉRISE UN BON TERREAU ?

Vigueur et santé de vos plantes en bac ne dépendent pas que des soins que vous leur prodiguez, mais aussi de la qualité du terreau ! Vous devez pouvoir évaluer ce que le substrat offre aux plantes comme oxygène, éléments nutritifs et réserves d'eau. C'est beaucoup plus simple pour les plantes de jardin qui peuvent enfoncer leurs racines loin dans le sol et risquent rarement des carences. Une plante en pot n'a pas cette possibilité, étant limitée par le volume du terreau. Lors du choix des terreaux, veillez aux qualités suivantes :

– un volume important et stable de « vides », autrement dit une porosité suffisante pour une bonne aération et teneur en oxygène, ainsi qu'un bon drainage,

*Les constituants essentiels des mélanges terreux sont les suivants : **1 -** L'argile expansée aère et allège le mélange. **2 -** L'argile augmente la capacité de rétention en eau et éléments nutritifs. **3 -** Le sable draine et prévient la pourriture des racines. **4 -** Le compost grossier ne convient pas aux plantes en pot. **5 -** La proportion de compost mûr ne doit pas être trop importante. **6 -** La perlite est un matériau inerte qui aère le substrat. **7 -** Les terreaux prêts à l'emploi sont enrichis en engrais.*

– une capacité de rétention d'eau modérée,

– une grande stabilité de la structure, pour que le terreau ne s'affaisse pas au fil des mois,

– une inertie importante pour limiter les variations de pH,

– une capacité élevée de rétention des éléments nutritifs, avec une mise à disposition facile pour les plantes.

2 LES COMPOSANTES D'UN BON TERREAU

Comme la terre de jardin, le terreau n'est pas un matériau homogène et uniforme, mais un mélange de divers éléments. Plus le terreau est proche de la terre de l'habitat naturel de la plante, mieux celle-ci se développe.

• La matière organique

Le compost est l'une des matières organiques les plus importantes pour la préparation des mélanges terreux. Sa composition, et donc ses qualités, sont cependant très variables, selon les matériaux d'origine. Ainsi les écorces compostées sont-elles à classer parmi les matériaux acidifiants, alors que le compost obtenu à partir de déchets végétaux du jardin a généralement un pH neutre, de l'ordre de 7. Il est très important que le compost soit mûr, bien décomposé, afin que le processus de décomposition ne se poursuive pas en pot. La qualité essentielle du compost est de stimuler la vie des micro-organismes du sol. Le compost fin, tamisé, est colonisé par des millions de micro-organismes dont l'activité bénéfique est incontestable pour les racines, et donc la croissance des plantes, même si elle est mal connue d'un point de vue scientifique.

• Les fibres végétales

On emploie moins aujourd'hui la tourbe, remplacée par des matériaux fibreux comme la fibre de coco ou les cabosses de cacao broyées. Ces matériaux ont pour intérêt d'assurer une bonne rétention d'eau et une bonne aération du terreau. Comme ils se décomposent progressivement, leurs qualités s'atténuent avec le temps. L'effet bénéfique s'estompe dans la deuxième année. Étant donné que le processus de décomposition de ces fibres végétales utilise de l'azote, il est nécessaire de compenser la perte d'azote dans ce type de terreau par des apports d'engrais azotés appropriés.

• Les éléments minéraux

L'argile sèche est une poudre grise. Associée à l'eau, elle devient pâteuse et se fixe dans les moindres rides de la peau, un signe de son extrême aptitude à retenir l'eau et les éléments nutritifs. Il en va de même pour les matières argileuses minérales comme la kaolinite ou la montmorillonite.

La vermiculite est un silicate de fer, magnésium et aluminium, matériau minéral naturel, jaunâtre à brun, présentant une capacité élevée de rétention d'eau et d'air. Sa structure lamellaire favorise la présence, entre les lamelles, de petites molécules, celles d'eau par exemple. La vermiculite allège donc les terreaux tout en augmentant leur capacité de rétention d'eau. Elle ne se dégrade pas et a un pH neutre.

La perlite blanche est un autre matériau minéral très proche de la vermiculite, très léger (90 g/l), avec une capacité d'absorption d'air de 40 à 50 %. Elle est de ce fait très utilisée dans les terreaux pour plantes d'intérieur, pour lesquels le critère de poids est particulièrement important.

Les poudres de roche sont des roches finement broyées, produits secondaires de l'industrie minière. Leur composition est bien sûr très variable, selon le type de roche d'origine. Leurs propriétés sont un léger pouvoir fertilisant, du fait des éléments minéraux qu'elles contiennent, mais aussi une amélioration de la capacité de rétention en eau et éléments nutritifs.

• Les autres matériaux

Outre les matières minérales fines, certains éléments minéraux de plus gros calibre sont également des composants précieux des terreaux pour les plantes en bac.

La pouzzolane est une pierre naturelle très poreuse, issue de l'activité volcanique. L'argile expansée (ou billes d'argile) est au contraire un matériau de synthèse, obtenu par injection d'air sous haute pression dans un matériau argileux spécifique. Ces matériaux ne se dégradent pas et maintiennent constante la porosité d'un mélange terreux. L'aération et la stabilité structurelle sont donc améliorées.

Toujours pour aérer un terreau, la brique broyée convient également, augmentant elle aussi la capacité de rétention d'eau.

Plus le sable est grossier, plus il contribue à l'aération du mélange, les grains de sable étant séparés par des millions d'interstices remplis d'air. La capacité de rétention d'eau du sable est par contre quasi nulle : les grains de sable n'absorbent pas l'eau et les innombrables vides ne retiennent par l'eau non plus. C'est au contraire un matériau de drainage.

Les billes de polystyrène expansé ne présentent aucune capacité de rétention d'eau, mais évitent le tassement du mélange. Inertes, elles ne se décomposent pas, même compostées, aussi leur usage est-il controversé pour des raisons écologiques.

• Les engrais

La plupart des terreaux prêts à l'emploi, vendus en sacs, sont enrichis en engrais et assurent les apports nécessaires en éléments nutritifs pendant 3 à 4 semaines, plus lorsqu'ils sont enrichis en engrais « longue durée ». Ces derniers sont cependant nettement plus coûteux et de ce fait assez peu répandus.

• Le calcaire

La plupart des plantes préfèrent un substrat neutre, avec un pH (mesure de l'acidité) de l'ordre de 7 ou légèrement acide (6-6,5). Pour neutraliser un mélange acide, on apporte de la chaux. À faible dose, la chaux accroît la stabilité des terres grumeleuses.

3 LES TERREAUX SPÉCIFIQUES

Le secret de la composition des meilleurs terreaux est souvent soigneusement gardé, comme celui de la recette du Coca-Cola. Les horticulteurs ont leurs propres mélanges, qu'ils modifient légèrement selon les espèces cultivées, pour approcher au mieux des besoins de chaque plante. Vous trouverez ci-dessous des compositions de terreaux bien adaptés à des catégories spécifiques de plantes en pot ou bac :

Une bonne terre ou terreau (à l'arrière-plan) reste toujours grumeleuse au toucher, tandis qu'un mélange déconseillé pour les plantes en pot (au premier plan) forme une boule.

Plantes méditerranéennes : 40 % de compost, 30 % de fibres végétales, 15 % d'autres matériaux, 20 % de matières minérales naturelles, engrais. C'est un terreau lourd du fait de la forte proportion d'autres matériaux, mais de grande longévité et très stable. Inutile de chauler.

Plantes tropicales : 50 % de compost, 30 % de fibres végétales, 15 % d'autres matériaux, 15 % de matière minérales naturelles, engrais. Une poignée de chaux pour 50 l de mélange permet d'obtenir un pH neutre.

Plantes grasses et plantes du désert : 20 % de compost, 10 % de fibres végétales, 60 % d'autres matériaux, 10 % de matières minérales naturelles. N'ajoutez ni chaux ni engrais.

Plantes acidophiles : 50 % d'écorces composées ; 20 % d'autres matériaux, 30 % minéraux naturels, engrais. Pas de chaux. Figurent parmi les plantes acidophiles non seulement les plantes de lande, mais aussi des espèces asiatiques comme les camélias *(Camellia)*.

TEST DE QUALITÉ POUR LES TERREAUX PRÊTS À L'EMPLOI

Malheureusement, tous les terreaux proposés dans le commerce, même ceux portant la mention « plantes de balcon et terrasse », ne garantissent pas une bonne qualité. C'est pourquoi il est bon de vous assurer avant tout achat de la qualité du terreau.

Simple et facile à mettre en œuvre un peu partout, le test de compression. Prenez une poignée de terreau à tester et pressez-la dans la paume de votre main. Dès que vous relâchez la compression, la petite motte doit se désagréger. Si la motte reste en boule, ce n'est pas un terreau de bonne qualité pour des plantes en pot.

Sentez également le « parfum » du terreau proposé ! Si vous percevez une odeur de moisi, désagréable, c'est que le terreau ou l'un de ses constituants est mal décomposé. Un terreau en processus de décomposition peut être néfaste pour les racines fra-

Une bonne terre dégage une agréable odeur de sol forestier. Les substrats à base de compost mal décomposé dégagent une odeur désagréable de pourriture et sont néfastes aux racines, par la chaleur qu'ils dégagent.

giles du fait de la chaleur dégagée par la décomposition. Cette dégradation peut par ailleurs produire des substances toxiques et « consomme » de l'azote, ce qui appauvrit donc le terreau en azote, élément nutritif indispensable à la croissance des plantes.

Une observation attentive est un autre critère important : les bons terreaux sont bruns, grumeleux. Les terreaux très foncés, presque noirs, ont certes un bel aspect, mais sont généralement trop compacts, avec un drainage insuffisant et une structure non stable. Ces terreaux très sombres sont élaborés à base de tourbe, ce qui est critiquable d'un point de vue du respect de l'environnement car la tourbe est toujours obtenue par destruction de tourbières.

5 L'indispensable fraîcheur

N'utilisez jamais pour vos rempotages un terreau ayant déjà servi. Il a été lessivé par les arrosages répétés et sa teneur en éléments nutritifs est très appauvrie, la plante précédente ayant déjà puisé dans les réserves de ce terreau. Qui plus est, un terreau usagé risque toujours d'abriter des germes de maladies qui s'attaqueront aussitôt à la plante rempotée. Un tel terreau abrite souvent des graines de mauvaises herbes qui, en se développant, concurrenceront la plante dans la quête de l'eau et des éléments nutritifs. Préférez donc toujours utiliser du terreau frais ou bien stériliser les terreaux réemployés, une pratique délicate pour l'amateur. Procurez-vous pour vos semis et boutures un terreau spécifique, faiblement enrichi en engrais et indemne de maladies.

6 Le paillage

Le paillis présente bien des avantages, au jardin comme pour les plantes de la terrasse ou de la véranda : il freine la germination des

Conseil

Vos plantes ne sauraient se satisfaire d'un terreau bon marché. Toute qualité a son prix, y compris pour ce qui est de la préparation et du contrôle qualité des meilleurs terreaux !

mauvaises herbes qui ne demandent qu'à se développer, même sous abri en hiver. Sous la couche de paillage, le terreau demeure plus longtemps humide, ce qui est bien sûr précieux dans les régions aux étés chauds et secs. Une couche de petits galets ou de coquillages fait par exemple un excellent paillis. Les galets emmagasinent la chaleur durant la journée, puis la restituent progressivement après le coucher du soleil, apportant ainsi une certaine protection aux espèces frileuses pendant les nuits fraîches du printemps ou de l'automne. La couche de galets assure par ailleurs un bon drainage, qui maintient propre et sec la base des tiges et les feuilles inférieures. Les paillis d'écorces sont plutôt à réserver aux espèces qui apprécient un terreau acide. Leur décomposition libère des tanins qui peuvent être toxiques pour certains végétaux aux racines sensibles. Les paillis de galets ou de coquillages se révèlent par contre parfaitement neutres.

Un paillis de billes d'argile, gravillon ou copeaux d'écorce empêche la germination des mauvaises herbes et contribue à garder le terreau humide.

Le choix du pot

Les pots sont essentiellement appréciés d'un point de vue esthétique. Si elles le pouvaient, croyez-vous que vos plantes feraient le même choix que vous ? Il est pourtant bon de prendre également en compte dans le choix du pot les besoins de vos protégées !

Ci-dessus : *Les baquets en bois ont belle allure à l'achat, mais s'ils sont directement garnis de plantes, sans traitement régulier du bois, ils s'abîment au bout de quelques années.*

En haut, à droite : *Les poteries vernissées dépourvues de trous de drainage, ici avec un clérodendron* (Clerodendrum ugandense) *doivent être utilisées uniquement en cache-pot décoratif.*

En bas, à droite : *Les poteries utilisées comme cache-pot, comme ici accueillant un myrte* (Myrtus communis), *demeurent impeccables, mais si elles sont directement plantées, elles se tachent.*

1 LE BON CACHE-POT

Il est très important de faire la différence entre les pots et les cache-pot. Vous pouvez choisir ces derniers en fonction de critères décoratifs uniquement. L'offre est très vaste, du grès à la céramique, en passant par le bois lasuré, la terre cuite… Quel que soit le modèle choisi, il faut éviter que l'eau ne s'accumule au fond du cache-pot sans que vous vous en rendiez compte, car la présence d'eau en permanence entraîne humidité stagnante et pourriture des racines.

Les cache-pot munis de trous de drainage ne présentent pas ce risque, mais les cache-pot étanches présentent par ailleurs l'avantage, lors des étés chauds et secs, de servir de réservoir d'eau à la plante pour la journée. Faites votre choix entre cache-pot sans ou avec dispositif de drainage en fonction du climat local, de la situation de votre jardin en pots, et selon que vous connaissez sécheresse ou pluies fréquentes.

2 CRITÈRES DE CHOIX DES POTS

Le choix des pots eux-mêmes, qui accueillent directement les racines des plantes, doit répondre non à vos préférences personnelles, mais bien aux besoins des plantes concernées. Prenez en compte les critères suivants :

– Parois rigides et robustes : si les parois des pots ne sont pas rigides, le terreau risque de se répandre et l'eau d'arrosage de s'échapper par les fissures du pot. Veillez par ailleurs à la stabilité des pots, même pour les petits godets utilisés pour la multiplication.

– Trous de drainage : pour que l'eau de pluie ou d'arrosage en excès puisse s'écouler, tout contenant doit être percé au fond de plusieurs trous de drainage, d'au moins 1 cm de diamètre.

– Pots profonds : les racines des plantes se développent en profondeur, surtout celles des arbres et arbustes qui constituent la grande majorité des plantes cultivées en bac. Choisissez donc autant que possible des pots assez hauts. Les coupes peu profondes ne conviennent pas aux cultures demeurant plusieurs années en pot, sauf à les former en bonsaï.

Choisissez pour le rempotage un pot pas trop grand : un diamètre de 3 à 5 cm en plus suffit.

ASTUCE

Pour éviter les marques disgracieuses sur le revêtement de la terrasse ou du balcon, il est bon de surélever les pots en les posant sur des « pieds » ou cales, ou encore sur des tuiles.

– Stabilité : les pots et bacs doivent pouvoir résister au vent le mieux possible. C'est pourquoi à la hauteur des contenants doit correspondre une largeur suffisante pour assurer une bonne stabilité au sol. Le contenant idéal de ce point de vue a une hauteur qui ne dépasse pas le diamètre du pot de plus d'un tiers.

– Forme conique : veillez par ailleurs à ce que les contenants soient plus larges en haut qu'à la base, ceci afin de pouvoir toujours en extraire la motte de racines. Les pots « ventrus » rendent le rempotage difficile, impliquant soit de réduire drastiquement la motte, soit de briser le pot. Assurez-vous aussi que les bords du pot ne reviennent pas vers l'intérieur, car là aussi vous auriez du mal à extraire la motte sans dommages.

• Pots en terre cuite ou en plastique ?

Entre la réflexion et la pratique pour ce qui est du choix du matériau, il y a un gouffre ! Tandis que les jardiniers amateurs ne jurent souvent que par la terre cuite, les horticulteurs ont depuis des décennies adopté les conteneurs en plastique, pas seulement pour des raisons financières.

La pratique montre que les plantes cultivées dans des pots en plastique y prospèrent mieux et sont d'un entretien plus facile. La raison tient essentiellement à l'étanchéité du plastique : à la différence des pots en terre cuite, les pots en plastique n'absorbent pas d'humidité. Toute l'eau d'arrosage est donc à disposition des racines et plus facile à doser.

Dans le cas des pots en terre cuite, les parois peuvent aussi bien absorber ce qu'il reste d'humidité dans le terreau au bout d'un temps indéfinissable qu'au contraire apporter un peu d'humidité à ce terreau. Les conséquences sont les suivantes : lorsque les pots sont exposés au soleil, l'eau s'évapore au niveau des parois, ce qui rafraîchit le terreau, puisque la transformation de l'eau en vapeur d'eau consomme de l'énergie. Cette fraîcheur peut être un avantage en été, mais en hiver, elle peut rapidement entraîner des dommages aux racines.

Autre inconvénient : les radicelles de la plante suivent le trajet de l'eau. Si les parois du pot sont humides, les radicelles se multiplient contre les parois, ainsi d'autant plus exposées aux variations d'humidité et de température. Les pertes peuvent être importantes puisque ce sont ces fines racines qui sont chargées de l'absorption de l'eau et des éléments nutritifs.

Les pots en plastique ne présentent pas ces défauts. Ils ont en outre une meilleure longévité car ils ne se cassent pas, sont plus faciles à nettoyer et réutiliser. D'autre part, les pores des poteries retiennent plus les germes de maladies, que l'on ne parvient à éliminer qu'après trempage et frottage énergique.

• Tailles et teintes des pots

Croire qu'un grand pot favorise toujours la croissance est une erreur. Le nouveau pot ne doit pas dépasser l'ancien de plus d'une ou deux tailles en diamètre. Il suffit, selon le volume du pot, que le diamètre du nouveau pot soit de 2 à 5 cm supérieur à celui de l'ancien, ce qui permet d'apporter du terreau frais en quantité suffisante tout autour de la motte. Si vous prenez un pot trop grand, le

Voyez-vous la différence ? Le pot du pittosporum (Pittosporum) *est en terre cuite, vasques et colonnes en plastique imitant la terre cuite !*

terreau du pourtour ne peut être rapidement colonisé par les racines, ce qui augmente le risque d'humidité stagnante car le terreau dépourvu de racines conserve trop longtemps l'humidité. Qui plus est, une partie des éléments nutritifs non utilisés par les racines dans ce volume de terreau « inexploré » est lessivée à chaque arrosage.

On pourrait penser que la teinte du contenant n'a aucune importance pour les plantes. Il n'en est rien : les pots noirs exposés au soleil s'échauffent fortement et rapidement en plein été. Cette « surchauffe », facile à sentir au toucher, rend très difficile pour les fines racines l'absorption de l'eau et des éléments nutritifs. C'est pourquoi il est important de veiller en été à ce que les pots en plastique noir soient en situation ombragée ou bien protégés de l'ensoleillement direct par un cache-pot.

En hiver, l'échauffement rapide du matériau noir est au contraire un avantage, pour réchauffer les racines fragiles. Les pots blancs sont assez rarement utilisés car ils se salissent rapidement et deviennent donc peu esthétiques s'ils ne sont pas très régulièrement nettoyés.

INFORMATION

Les tailles courantes de pots (diamètre/volume) sont :
15 cm/1,5 l ; 17 cm/2,0 l ; 20 cm/3,0 l ;
23 cm/5,0 l ; 26 cm/7,5 l ; 28 cm/10 l ;
32 cm/12,5 l ; 35 cm/15 l ; 38 cm/20 l ;
40 cm/30 l ; 50 cm/50 l.

Plantation et rempotage

1 COMMENT EXTRAIRE LA MOTTE ?

La motte de racines de la plante doit être autant que possible préservée lorsqu'elle est extraite de l'ancien pot. Si la motte adhère aux parois, passez une longue lame de couteau sur tout le pourtour du pot pour la détacher. Le trempage de la motte, pendant au moins une demi-heure, peut aussi faciliter son extraction. Dans le cas des conteneurs en plastique, vous pouvez tapoter les parois pour détacher progressivement la motte. Enfin, si la motte ne vient pas malgré tous vos efforts, il ne vous reste plus qu'à casser ou découper le contenant d'origine !

Le frangipanier (Plumeria) *au parfum exquis a une croissance lente et se contente d'un rempotage tous les deux ou trois ans.*

2 LA PRÉPARATION DU NOUVEAU POT

Si les trous de drainage du fond du pot sont grands, le terreau ajouté s'écoule aussitôt ou du moins au premier arrosage. C'est pourquoi on les masque par des tessons de pot ou des galets. Versez ensuite du terreau frais de façon à ce que le haut de la motte une fois en place (faites des essais) arrive 2 cm sous le rebord du pot. Cet espace vide facilite ensuite l'arrosage. Si vous placez la plante trop haut dans le pot, l'eau d'arrosage ruisselle par-dessus bord avant même de pénétrer dans le terreau. Si au contraire la plante est placée trop profondément, il y a plus de risque d'humidité stagnante et même de manque de lumière pour les feuilles inférieures des petites plantes. Selon les cas, mieux vaut enlever un peu de terreau ou bien en rajouter, jusqu'à ce que la motte soit à la bonne hauteur. Tassez du bout des doigts le terreau frais pour éliminer les éventuelles poches d'air.

Si vous utilisez un terreau de qualité, bien drainé (voir pages 18 et suivantes), il est généralement inutile d'apporter un drainage supplémentaire. Si vous préférez cependant prévoir une couche de drainage (pour certaines espèces) au fond du pot, billes d'argiles ou gravier, comptez une épaisseur d'un cinquième à un sixième de la profondeur du pot. Pour que le matériau de drainage ne se trouve pas colmaté par le terreau, posez un feutre de jardin avant de verser le terreau au fond du pot.

3 LA MISE EN PLACE DE LA MOTTE

Placez la motte bien au centre du pot, en orientant la tige principale à la verticale. Ne vous laissez pas influencer par des pousses latérales mal orientées : leur orientation sera corrigée par une taille judicieuse. Si la hauteur de la motte est correcte, commencez à combler de terreau frais tout autour de la motte. Versez le terreau très progressivement, en tassant à plusieurs reprises du bout des doigts. Pour les bacs les plus grands et les plus profonds, aidez-vous d'un bâtonnet en bois ou d'une grande cuillère pour tasser. Si vous négligez ce nécessaire tassement du

REMPOTER CORRECTEMENT

Qu'il s'agisse de rempoter les plantes en bac ou de les planter dans une plate-bande d'une véranda ou jardin d'hiver, procédez en suivant les conseils suivants :

Faux : *Le pot choisi est trop grand et la motte installée trop profondément. La base des tiges risque de pourrir.*

Faux : *Ce pot est trop petit et la motte placée trop haut par rapport au bord du pot. Les particules de terre se tassent mal et il en résulte des poches d'air en profondeur.*

Correct : *Taille du nouveau pot et profondeur de plantation sont idéales et le pot possède l'indispensable trou de drainage au fond.*

terreau, il risque de subsister des espaces vides en profondeur, espaces qui ne peuvent être colonisés par les racines. Veillez donc aussi à ce que le terreau utilisé soit de texture finement grumeleuse, ne forme pas de véritables petites mottes, difficiles à rompre et à humidifier. Aérez bien le terreau des sacs avant de l'utiliser, car il est généralement tassé.

L'ARROSAGE

Quand vous avez terminé le remplissage du pot, le rempotage demande une ultime étape ! Un bon arrosage est indispensable. Il permet notamment de supprimer les dernières poches d'air créées lors du remplissage du pot avec le terreau frais. Si la surface s'abaisse après l'arrosage, apportez à nouveau un peu de terreau en surface du pot ou bac. L'arrosage, bien sûr, assure aussi l'apport en eau nécessaire aux racines. Le terreau issu des sacs du commerce est léger mais trop sec et risque de concurrencer les racines de la plante dans leur quête d'humidité. Les pots en terre cuite non mouillés au préalable absorbent eux aussi de l'eau, jusqu'à saturation de leurs pores ! C'est pourquoi il est nécessaire de faire tremper ces pots en terre pendant une demi-heure avant le rempotage, jusqu'à ce qu'il n'y ait plus de bulles qui s'échappent du pot. Une fois planté, un pot neuf ne peut être humidifié qu'à force d'arrosages, car il est alors impossible de le faire tremper avec le terreau (qui se répandrait dans l'eau).

LA BONNE FAÇON DE REMPOTER

1 - *Décollez avec la lame d'un couteau les mottes qui adhèrent aux parois du pot.*

4 - *Étalez au-dessus une première couche de terreau bien aéré.*

2 - *Sortez entièrement la motte de son pot d'origine. Si besoin est, tapotez le pot avec précaution contre le bord de la table.*

3 - *Couvrez d'un feutre horticole la couche drainante de billes d'argile.*

5 - *Tassez délicatement le terreau sur le pourtour du pot, à l'aide d'un bâtonnet de bois ou d'une cuillère, pour éliminer les poches d'air.*

6 - *Un arrosage copieux est indispensable pour toutes les plantes fraîchement rempotées car le terreau frais absorbe beaucoup d'humidité.*

Arroser comme un pro

L'expression « avoir la main verte » n'est pas une image d'Épinal : si vous vérifiez quotidiennement l'humidité du terreau de vos pots, vos plantes vous en seront reconnaissantes par leur luxuriance. Ce n'est pas sans raison que les plantes se plaisent souvent plus chez les grands-mères que chez les filles ou petites-filles ! Elles ont le temps de surveiller chaque jour leurs protégées. Pour ceux qui travaillent, l'entretien suit plutôt un rythme défini, par exemple « arrosage tous les vendredis soirs », ce qui est loin de répondre au mieux aux besoins de chacune des plantes !

La qualité de l'eau

Les caractéristiques physiques et chimiques de l'eau, son pH et sa température sont des éléments déterminants pour la croissance des plantes en pots.

1 Rien ne vaut l'eau de pluie

Nombre de plantes en pot supportent assez mal l'eau du robinet à la longue, car elle est

Ne donnez pas la même dose à chaque plante. Les besoins varient selon la température, la taille du pot, le terreau et surtout l'espèce considérée.

Le calliandra (ici Calliandra surinamensis*) replie ses feuilles en soirée et en cas de sécheresse.*

L'eau de pluie est la meilleure eau d'arrosage, lorsqu'elle a eu le temps de reposer et d'être réchauffée par le soleil.

généralement fortement dosée en calcium. On parle d'eau « calcaire » avec différents degrés de « dureté ». Cela signifie pour les plantes un excès de calcium dans le sol, calcium qui peut bloquer l'absorption de certains autres minéraux, le fer par exemple. Ces éléments chimiques sont présents dans le sol mais ne peuvent être absorbés par les racines. C'est pourquoi il est préférable d'arroser avec une eau faiblement calcaire. L'eau de pluie est de ce point de vue idéale. Il est donc intéressant de récupérer le plus possible de cette eau précieuse, et gratuite, dans des récupérateurs ou des réservoirs enterrés. Il est bon de laisser cette eau de pluie reposer plusieurs jours avant utilisation, afin que les particules en suspension se déposent et qu'ainsi l'eau se purifie. Pensez à vider de temps à autre le fond des réservoirs, où s'accumulent ces dépôts.

2 MESURER ET RECTIFIER LE pH DE L'EAU

Un test simple vous permet de savoir si l'eau de pluie est calcaire ou acide. Utilisez pour cela les bandelettes de papier indicateur vendues en pharmacie ou dans les jardineries. Ces bandelettes se colorent lorsqu'on verse un peu d'eau dessus. Une échelle colorée permet la lecture du pH de l'échantillon testé.

Si vous n'avez pas d'autre possibilité que d'avoir recours à l'eau du robinet pour arroser vos pots et bacs, il est préférable de neutraliser le calcaire présent dans l'eau. La méthode la plus simple consiste à faire tremper dans l'arrosoir pendant au moins 12 heures un petit sachet en toile de jute, rempli de tourbe. L'acidité de la tourbe neutralise l'alcalinité de l'eau. Une autre technique consiste à ajouter un peu de vinaigre, à raison d'un millilitre de vinaigre de table (de cidre ou autre) par litre d'eau, mais attention aux excès !

3 UNE EAU TEMPÉRÉE

L'eau glacée peut avoir sur les racines un effet de choc, néfaste surtout pour les espèces tropicales qui apprécient la chaleur, par exemple les bananiers *(Musa, Ensete)*, alocasias *(Alocasia)* ou poivrier *(Piper)*. Dans la nature, l'eau des précipitations est dans une certaine mesure en harmonie avec la température de l'environnement. Si au contraire vous remplissez un arrosoir d'eau froide et versez l'eau directement dans les pots, sur un balcon exposé plein sud au plus chaud de l'été, la différence de température entre l'eau et le terreau peut facilement dépasser 20 °C. Pour éviter un tel choc au niveau des racines, n'utilisez que de l'eau à température ambiante. Laissez l'eau se réchauffer doucement en la laissant reposer si possible deux jours sur la terrasse ou dans la véranda. Prenez donc l'habitude de garder les arrosoirs bien remplis !

Arroser au bon moment

La meilleure heure pour arroser varie selon les saisons et l'activité des plantes.

1 CHAQUE HEURE DU JOUR A SES AVANTAGES

En début de matinée, vous avez généralement mille autres choses à faire avant de

Il existe des instruments de mesure rapide du pH de la terre, qui doit être au préalable mélangée à un peu d'eau distillée.

Ci-contre : *Les leptospermums* (Leptospermum scoparium) *semblent résistants à la sécheresse avec leur fin feuillage en aiguilles et pourtant ils la supportent mal. Une sécheresse prolongée peut leur être fatale.*

Ci-dessous : *Le papyrus* (Cyperus papyrus) *apprécie une humidité permanente au niveau des racines. Le niveau de l'eau ne doit cependant pas dépasser un tiers de la hauteur du pot, sans quoi les racines manquent d'oxygène.*

vous occuper de vos plantes ! Et pourtant, les heures de la matinée sont les plus appropriées pour l'arrosage en hiver. Si vous arrosez vos plantes en bac, dans leurs quartiers d'hiver, dans le courant de la matinée, l'eau atteint les racines quand elles entrent en activité. Les molécules sont donc rapidement absorbées et utilisées. Si vous arrosez au contraire le soir, le terreau demeure humide toute la nuit, sans que les racines alors inactives puissent utiliser cette eau. Le terreau humide est plus froid que le terreau sec et plus difficile à réchauffer. À cette saison de l'année difficile pour les plantes, il y a plus de risques d'humidité stagnante et de froid excessif au niveau des racines. Préférez arroser le matin.

En été, c'est tôt le matin ou bien en soirée qu'il faut arroser. Les plantes ont ainsi le temps d'utiliser pleinement ces apports d'eau. Aux heures chaudes du milieu de journée, l'eau apportée s'évapore très rapidement, ce qui constitue donc une perte pour les racines.

La mi-journée est considérée comme le plus mauvais moment pour l'arrosage en été. La raison avancée est que les plantes risquent plus de souffrir de brûlures, du fait de l'effet de loupe des gouttes d'eau au soleil, que de la sécheresse. Ces brûlures ne se produisent cependant que si vous mouillez le feuillage, ce qui est à proscrire. Si vous prenez soin de verser l'eau directement en surface du terreau, les plantes apprécieront cet apport d'eau, même en milieu de journée, au lieu de rester assoiffées, avec le risque d'une chute des fleurs ou feuilles, jusqu'en soirée. Veillez toujours à ce que l'eau soit tempérée, à une température d'au moins 20 °C, pour éviter les risques de choc dû à une trop grande différence de température entre eau et terreau (voir page 32). Si vous respectez ces deux règles, il devient légitime d'arroser à la mi-journée les quelques plantes dont les feuilles affaissées montrent clairement qu'elles manquent d'eau !

② QUELLE FRÉQUENCE D'ARROSAGE ?

À l'exception des plantes aquatiques ou de marécage, les racines ne supportent pas une humidité permanente. Les conséquences d'un excès d'eau sont la pourriture, puis le dépérissement des racines et de la plante entière. Attendez toujours pour arroser à nouveau que le terreau soit sec, au moins en surface du pot ! Il est impossible de donner des conseils précis et fiables quant au rythme d'arrosage, car :

– les petits pots sèchent beaucoup plus vite que les grands bacs,

– les différents terreaux ont des capacités de rétention d'eau variables et demeurent donc plus ou moins longtemps humides,

– les pots exposés au soleil sèchent beaucoup plus vite que ceux installés en situation ombragée,

– les plantes à feuilles souples utilisent l'eau plus rapidement que celles à feuillage coriace, qui se protègent de l'évaporation par des poils, des aiguillons ou un enduit cireux,

– les conditions climatiques influent fortement sur les pertes d'eau par évaporation. Par temps ensoleillé, il faut parfois arroser jusqu'à deux fois par jour, tandis que sous un ciel couvert, la même quantité d'eau d'arrosage suffit pour plusieurs jours.

Chacune de vos plantes « tient » plus ou moins longtemps après un arrosage. Il est impossible d'établir des règles en la matière. C'est aussi l'une des raisons du succès de nos grands-mères avec leurs plantes en pot : elles dosent individuellement l'arrosage de leurs plantes, un arrosage copieux pour celle-ci aujourd'hui, très peu pour celle-là... C'est avec ce traitement individualisé que les différentes espèces cultivées prospèrent bien sûr le mieux !

Si vous tâtez régulièrement l'humidité du terreau avec le bout des doigts, vous apprendrez vite à repérer quand l'arrosage est nécessaire.

Il existe des instruments simples de mesure de l'humidité au cœur de la motte de racines, une mesure sinon difficile à évaluer.

Il arrive aussi que les plantes nous jouent des tours et nous fassent croire avec leurs feuilles coriaces, comme c'est le cas pour les *Leptospermum, Acca* et autres *Callistemon* (ou plante-goupillon), qu'elles ne craignent guère la sécheresse, alors qu'elles ne supportent pas d'avoir une motte sèche ! L'explication en est généralement que ces plantes, si elles poussent certes dans leur habitat naturel en situation très chaude, ont la possibilité d'aller puiser de l'eau en profondeur dans le sol. Dans le volume réduit d'un pot ou bac, ceci est bien sûr impossible, ce qui entraîne le dépérissement rapide de ces végétaux que l'on croit « durs à cuire » en cas de sécheresse prolongée des racines.

3 Comment mesurer l'humidité du terreau ?

Mais comment savoir si le terreau est déjà sec ou encore humide ?

La couleur du terreau : le terreau humide est nettement plus sombre que le terreau sec, lequel prend selon sa composition une teinte ocre. Si vous observez de près l'aspect du terreau pendant un certain temps, vous apprendrez vite à évaluer son humidité.

Le poids : si vous soulevez régulièrement les pots de vos plantes, vous saurez vite reconnaître approximativement de combien un pot au terreau humide est plus lourd qu'un pot au terreau sec. Les poids plume demandent un arrosage d'urgence, tandis qu'il faut au contraire « sauter » un tour d'arrosage pour les pots lourds.

Le test du doigt : si vous grattez du doigt un peu de terreau en surface du pot, vous pouvez noter si le terreau s'effrite (sec) ou reste grumeleux (humide). Cette méthode ne permet cependant pas de se faire une idée de l'humidité en profondeur, là où les réserves d'eau durent plus longtemps.

Les testeurs d'humidité : de simples sondes d'humidité, lames métalliques d'environ 20 cm de long, à enfoncer dans le terreau, sont pratiques et peu coûteuses. Même si l'échelle des mesures est simpliste, « sec – humide – très humide », ces sondes permettent d'évaluer l'humidité au cœur de la motte.

La bonne quantité d'eau

Vous avez appris dans les pages précédentes à évaluer qualité, fréquence et horaires d'arrosage. Nous allons maintenant nous intéresser à la question « Quelle quantité ? ».

1 Arroser avec mesure

Il n'existe malheureusement là encore aucune règle qui permette d'affirmer que par exemple un pot de 3 litres en volume a besoin de 3 litres d'eau par arrosage ou quelque chose

OÙ ARROSER ?

Faux : *ne mouillez pas le feuillage lors de l'arrosage et ne vous contentez pas d'humidifier la couche supérieure du terreau.*

Correct : *seul le terreau reçoit l'eau, ni les feuilles, ni les tiges, et le terreau est humidifié jusqu'à ce que l'eau s'écoule par les trous de drainage.*

d'équivalent. La seule règle valable est la suivante : apportez autant d'eau que peut en absorber la motte. Le terreau est comme une éponge que l'on place sous le robinet. L'éponge absorbe tout le filet d'eau jusqu'à ce qu'elle soit entièrement imbibée. L'eau en excès coule ensuite sur l'éponge sans que celle-ci puisse en absorber plus. Le terreau réagit exactement de la même façon. Il peut absorber une certaine quantité d'eau, pas plus. Tout ce qui excède cette capacité s'écoule hors du terreau et lessive par la même occasion de précieux sels minéraux.

2 RYTHME D'ARROSAGE

Un précepte à respecter en matière d'arrosage des plantes en pot : « Mieux vaut arroser copieusement à intervalles assez espacés que peu et souvent. » La raison tient à la faculté d'adaptation des plantes. Si l'on arrose très fréquemment mais peu, la plante s'habitue à ce flux quasi constant et n'est ensuite plus capable de supporter une situation de manque d'eau. Si l'arrosage est suspendu, ne serait-ce qu'une fois, les dégâts sont visibles. Si au contraire vous veillez à ce que la motte soit à chaque arrosage intégralement humidifiée, la plante remplit ses réserves. Si la phase de « séchage » dure un jour ou deux de plus, la plante n'en souffre guère car elle est habituée aux variations d'humidité du terreau. Ne vous fiez cependant pas à cette règle pour instituer un rythme d'arrosage tel que « j'arrose copieu-

Laissez toujours un espace de 2-3 cm de hauteur entre surface du terreau et rebord du pot pour l'arrosage. Remplissez cet espace d'eau et laissez l'eau pénétrer lentement.

À gauche : *Faites tremper le pot des plantes complètement desséchées jusqu'à ce qu'aucune bulle ne s'échappe plus du terreau.*

À droite : *Après le trempage de la motte, laissez s'écouler toute l'eau en excès avant de remettre la plante en place.*

sement tous les trois jours », car là encore, le terreau sèche plus ou moins vite selon la saison, l'exposition, la taille du pot et l'espèce végétale. En été, même si vaut toujours la règle d'arrosages espacés, il faut souvent arroser quotidiennement, voire deux fois par jour en période de canicule ; mais l'arrosage doit toujours être copieux pour durer plus longtemps.

❸ Évaluation par tâtonnements

Procédez par tâtonnements pour évaluer la quantité d'eau qui convient à chaque plante. Ce qui signifie qu'il ne faut pas vider en une fois un arrosoir de 10 litres dans le pot, mais d'abord quelques litres, éventuellement remplir la soucoupe, puis attendre, pour voir. Arrosez d'autres plantes en attendant puis revenez à la première.

Si elle a absorbé toute l'eau de la soucoupe, celle-ci peut être à nouveau remplie, voire une troisième fois si la plante absorbe l'eau aussitôt. Lorsque vous aurez ainsi testé à plusieurs reprises la quantité d'eau à apporter à une plante, vous saurez ainsi à peu près combien lui donner à chaque arrosage par la suite.

❹ Comment sauver les plantes desséchées ?

L'arrosage des plantes complètement desséchées est toujours problématique car le terreau est généralement rétracté sur les bords du pot, ce qui fait que l'eau d'arrosage s'écoule en grande partie dans la soucoupe sans même être absorbée.

Le trempage de la motte est alors précieux : il consiste à immerger tout le contenu du pot dans l'eau. Maintenez la motte sous l'eau jusqu'à ce qu'il ne s'en échappe plus de bulles d'air. Laissez ensuite la motte s'égoutter avant de remettre le pot à son emplacement d'origine. Ne forcez pas sur les arrosages les jours suivants pour compenser la sécheresse passée !

Les racines ayant déjà souffert de la sécheresse ne se remettraient pas d'un

Mouiller le feuillage favorise les maladies cryptogamiques et laisse des traces blanchâtres de calcaire. Mieux vaut baigner les suspensions !

excès d'humidité. Reprenez des arrosages très réguliers mais mesurés. Les plantes supportent souvent mieux une courte période sèche qu'un excès durable d'arrosage !

Comment éviter l'humidité stagnante ?

Les cache-pot des plantes des balcons et terrasses peuvent vous réserver des surprises. Dans les régions aux étés pluvieux, l'eau s'y accumule parfois sans que vous vous en rendiez compte, avec pour conséquence une humidité stagnante qui entraîne le pourrissement des racines et le flétrissement des feuilles. Pire encore, bien des jardiniers imaginent que ce flétrissement est dû à un manque d'eau et arrosent plus encore ! Si vous utilisez des cache-pot dépourvus de trous de drainage, veillez à les vider régulièrement en période pluvieuse.

L'humidité de l'air

Les arrosages ne suffisent pas à assurer le bien-être de vos plantes sur la terrasse ou dans la véranda. Une humidité de l'air assez élevée est un autre facteur important.

Comment augmenter l'humidité de l'air ?

Lorsque l'été est très chaud, il arrive que les plantes à feuilles fines dépérissent bien que la motte soit maintenue suffisamment humide. S'il ne s'agit pas d'un problème d'humidité stagnante au niveau des racines (voir ci-dessus), la cause des feuilles flétries ou au bord sec peut être une humidité de l'air insuffisante. Lorsque les plantes essaient de poursuivre la photosynthèse par temps très chaud, elles doivent ouvrir leurs stomates ou pores, pour absorber du dioxyde de carbone dans l'air, mais elles perdent aussi beaucoup d'eau par transpiration, souvent plus que ne peuvent en absorber les racines, qui réduisent elles aussi leur activité en cas de canicule. Le remède consiste alors à augmenter l'humidité de l'air : si le microclimat autour de la plante est plus humide, elle perd moins d'eau par évaporation. La méthode la plus simple est de placer la plante en situation plus ombragée. Vous pouvez également vaporiser fréquemment le feuillage, toujours en matinée et/ou en soirée.

2 POURQUOI ET QUAND DOUCHER LES PLANTES ?

D'un point de vue physique, il est exact que les gouttes d'eau peuvent par effet de loupe provoquer des brûlures des tissus des feuilles en plein soleil. Ce type de problème est cependant plus rare que les dégâts dus à une chaleur excessive ou à d'autres facteurs. Ainsi, des taches brunes sur les feuilles peuvent être dues à l'ozone. En effet, une concentration excessive d'ozone (O_3) à proximité du sol entraîne une destruction des tissus cellulaires. Les cellules se vident, laissant des parois brunies. Il faut à titre préventif améliorer la circulation de l'air. Éloignez les objets qui peuvent empêcher l'air de circuler, afin de favoriser les échanges gazeux à proximité des plantes. Pour limiter les risques de dommages dus à la chaleur par une transpiration excessive au niveau du feuillage, vaporisez de l'eau pour rafraîchir les feuilles, dès que la canicule de la mi-journée s'atténue, à partir de 15 heures environ. Les plantes ayant perdu beaucoup d'eau peuvent ainsi se régénérer et le dessèchement est donc stoppé.

Dans une véranda, les vaporisations d'eau sont indispensables, notamment pour compenser l'absence de précipitations. Dehors, la pluie permet de nettoyer la poussière sur les feuilles, tandis que les pluies violentes, orageuses, contribuent aussi à réduire les populations de parasites, en les « balayant » tout simplement ! Sans ces douches régulières sous serre, la poussière s'accumule sur les feuilles et gêne les échanges gazeux au niveau des stomates. Il convient donc de doucher fréquemment les feuillages. Lorsque les plantes sont directement plantées dans une plate-bande, cette intervention ne présente pas de difficulté, les éclaboussures d'eau pénétrant ensuite dans le terreau de culture. Dans une véranda entièrement carrelée, il peut être préférable de sortir les plantes en pot pour les doucher. Attention, n'utilisez jamais d'eau glacée pour bassiner le feuillage, mais une eau tempérée (18-20 °C).

Arroser avec méthode

1 POUR AIDER LE JARDINIER

Dans la véranda comme sur la terrasse, la corvée d'arrosage est presque quotidienne en été. Pour gagner du temps, faites appel aux techniques qui peuvent faciliter l'arrosage.

Pour gagner du temps, arrosez vos plantes avec un jet assez puissant mais sans violence, grâce à une pomme spéciale.

Pistolet au jet puissant et doux : pour arroser plus rapidement, utilisez un pistolet qui s'adapte sur le tuyau d'arrosage et assure à la fois un haut débit et une faible puissance du jet, pour éviter de déloger ou compacter le terreau en surface des pots. Les pistolets à moindre prix ne permettent généralement pas ce type de réglage. Préférez un modèle assez sophistiqué et robuste, plus coûteux. Méfiez-vous aussi des pistolets en plastique de piètre qualité qui peuvent devenir poreux et cassants après une longue exposition au soleil. Les pistolets à débit réglable sont ceux qui offrent le plus de souplesse d'arrosage. Évitez les pistolets dépourvus de robinet d'arrêt, car la pression d'eau n'est pas modulable ; il est donc plus difficile de contrôler la quantité d'eau apportée individuellement aux plantes. À l'ouverture comme à l'arrêt du robinet, il y a toujours une certaine perte d'eau.

Rampes pour l'arrosage : si votre collection de plantes en bac est assez importante, vous aurez du mal à toutes les atteindre avec l'arrosoir. Les rampes d'arrosage, pour l'arrosoir ou le pistolet d'arrosage permettent d'atteindre plus facilement tous les pots et même les suspensions en hauteur.

Systèmes d'arrosage automatique : ils vous permettent d'assurer l'arrosage de vos plantes même en votre absence, mais ne remplacent jamais l'arrosage manuel, le dosage individuel !

2 L'ARROSAGE AU GOUTTE-À-GOUTTE

Cette technique désormais courante est proposée sous différentes variantes au jardinier amateur.

• Commande mécanique

Des sondes en terre cuite enfoncées dans le terreau ouvrent leurs clapets (vannes) dès qu'elles passent en dessous d'un certain seuil de sécheresse (tensiomètre). Les vannes libèrent alors l'arrivée d'eau, celle-ci étant amenée par un système de goutteurs (fins tuyaux) jusqu'aux plantes. Comme chaque pot peut avoir sa propre sonde, l'arrosage peut être individualisé et répond donc parfaitement aux besoins des plantes. Par temps très chaud, l'eau est apportée plus fréquemment et plus longtemps, beaucoup moins par temps couvert. Ce type de système simple, adapté aux besoins, agit un peu comme une horloge à commande électronique. L'ensemble du dispositif est relié, soit directement au robinet, soit à un réservoir d'eau. Il faut nettoyer une fois par an les sondes et les tuyaux d'alimentation car ils risquent d'être obturés par des dépôts calcaires et donc de perdre de leur efficacité.

• Commande automatisée

La commande du système d'arrosage y est gérée par une horloge. Un programmateur électronique commande pour un laps de temps défini l'ouverture des vannes et donc l'alimentation en eau des tuyaux de répartition. Les tuyaux principaux se ramifient en fins tuyaux qui aboutissent aux plantes individuelles. À leur extrémité sont situés les goutteurs, dont le débit par heure est de 2, 4 ou 8 litres, selon le modèle choisi. Les tuyaux sont maintenus en place par des piquets en plastique. Il faut prévoir plusieurs goutteurs pour une plante très gourmande en eau. Les besoins individuels des plantes sont ainsi satisfaits. La quantité d'eau transportée par les tuyaux est cependant toujours la même. Lorsque les tuyaux d'alimentation sont très longs, ou les pots très nombreux, des régulateurs de pression sont nécessaires, afin de garantir le même débit pour tous les goutteurs et donc toutes les plantes.

Si vous utilisez de l'eau de récupération (eau de pluie) pour l'arrosage, prévoyez un système de filtration pour éviter que des impuretés bouchent les fins tuyaux. Ceux-ci doivent aussi être régulièrement nettoyés, toujours pour éviter les dysfonctionnements. Toute la difficulté réside dans la programmation, aux bonnes heures et pour la bonne durée ! Commencez par poser des récipients sous les goutteurs pour vous aider à évaluer la quantité d'eau apportée et donc le temps de programmation nécessaire. L'un des intérêts du système est de pouvoir programmer librement les heures d'arrosage, y compris la nuit. L'inconvénient réside dans la quantité uniforme délivrée par les goutteurs. Les différences de besoins des plantes ne peuvent être résolues qu'en jouant sur le nombre de goutteurs. Les fluctuations dues aux saisons ou aux conditions climatiques ne sont bien sûr pas prises en compte par le programmateur, sauf si vous installez des sondes d'humidité. Un même rythme d'arrosage par temps de canicule qu'en période humide risque de ne pas convenir, aussi est-il souvent préférable d'utiliser cet arrosage automatique comme apport « de fond » et de compléter individuellement et manuellement quand nécessaire.

3 LES ASPERSEURS

L'arrosage par aspersion ne convient guère pour l'arrosage de pots et bacs. Cet arrosage ne peut en effet mouiller le terreau des pots de façon uniforme. Qui plus est, les couronnes de feuillage de certains arbustes captent presque toute l'eau de l'asperseur. Pour arroser copieusement toutes les plantes, il faut donc faire fonctionner longtemps les asperseurs, avec de grosses pertes d'eau.

COMMANDE AUTOMATISÉE

L'arrosage par goutte-à-goutte est assuré à partir d'un réservoir d'eau ou directement du robinet.

Les engrais : lesquels choisir, à quelle dose ?

À la différence des plantes du jardin, celles cultivées en pot ou bac ne peuvent aller chercher plus loin dans le sol de nouveaux éléments nutritifs. Seuls les apports d'engrais peuvent assurer leurs besoins.

La qualité des engrais

Les rayons des jardineries regorgent d'engrais sous diverses formes, dosages et marques. Les critères suivants devraient vous aider à faire votre choix.

1 La teneur en éléments nutritifs

Les engrais liquides sont des solutions contenant les éléments nutritifs essentiels, azote (N), phosphore (P) et potassium (K),

Qu'il s'agisse d'engrais liquide, sous forme de bâtonnets, de granulés ou de poudre, le dosage doit être précis pour assurer une croissance saine et vigoureuse de vos plantes en bac.

ainsi que des oligoéléments. Le critère déterminant de la qualité de ces engrais est la concentration en éléments nutritifs, exprimée en pourcentage. Plus simplement, les fabricants négligent souvent les pourcentages pour n'indiquer que les chiffres, par exemple 15-10-5. Le premier chiffre indique la teneur en azote, le second en phosphore, le troisième en potassium. Les engrais de qualité pour les plantes d'intérieur, de balcon ou terrasse doivent avoir une teneur d'au moins 10 % en azote, d'au moins 5 % pour les deux autres éléments. Une composition inférieure, comme 2-1-2, signifie que l'engrais est composé pour 95 % d'eau ! Un prix inférieur est sans grand intérêt puisqu'il faut une dose nettement plus élevée pour répondre aux besoins des plantes.

Une concentration en éléments nutritifs de plus de 20 % de l'un des éléments est tout aussi déconseillée pour les jardiniers peu expérimentés car il y a des risques de surdosage. Si cet engrais liquide est conservé longtemps, les sels minéraux se cristallisent et il faut à nouveau bien les dissoudre pour pouvoir les ajouter à l'eau d'arrosage. Les professionnels utilisent certes des engrais plus fortement dosés, jusqu'à 40 % d'azote par exemple, mais il faut avoir l'expérience nécessaire pour utiliser correctement ces produits très concentrés.

Les protéacées comme ce Leucospermum *demandent des apports d'engrais dépourvus de phosphates.*

Chez les agrumes (Citrus), *une carence en éléments nutritifs se traduit par un jaunissement des feuilles entre les nervures, celles-ci demeurant vertes.*

2 La composition des engrais

Azote, phosphore et potassium sont les éléments nutritifs essentiels, mais les plantes ont besoin de nombreux autres éléments minéraux pour leur croissance : molybdène, fer, cuivre, manganèse… Ces éléments sont nécessaires en très petite quantité seulement, c'est pourquoi on parle d'oligoéléments. En cas de carence cependant en l'un ou l'autre de ces oligo-éléments, la croissance peut être freinée. Veillez donc à acheter un engrais qui contient ces indispensables oligo-éléments. Dans le cas des plantes qui ont besoin de beaucoup de fer, comme les agrumes *(Citrus)*, l'engrais doit être riche en composés ferriques.

À l'inverse, il existe des plantes qui ne supportent pas certains éléments minéraux. C'est le cas des protéacées comme *Banksia, Leucospermum* et *Grevillea*. Dans leur habitat naturel, ces plantes poussent sur des sols dépourvus de phosphates et demandent donc en culture également un terreau sans phosphates. Si vous leur apportez un engrais complet, c'est toute l'absorption des éléments minéraux qui est bloquée, et donc la croissance.

L'action des engrais

L'action chimique des engrais ne doit pas non plus être négligée. Certains engrais ont un effet acidifiant, c'est-à-dire qu'ils font baisser le pH du terreau. Un certain nombre de plantes ont besoin d'un substrat acide pour pouvoir y puiser les éléments nutritifs nécessaires à leur croissance. C'est le cas des camélias *(Camellia)*, des rhododendrons *(Rhododendron)* ou des agrumes *(Citrus)*. Si le terreau est alcalin, avec un pH supérieur à 7, ces plantes ne sont plus capables d'absorber le fer et d'autres minéraux. C'est pourquoi il faut utiliser pour ces plantes un engrais spécifique, acidifiant. Il existe des engrais spéciaux pour les agrumes et pour les rhododendrons, qui conviennent aux autres plantes acidophiles.

REMARQUE

Le jaunissement du feuillage (chlorose) n'indique pas nécessairement une carence en fer. Des carences en éléments nutritifs essentiels, de même que la sécheresse ou encore une chaleur excessive au niveau des racines peuvent se traduire par les mêmes symptômes, car l'activité racinaire est ralentie ou stoppée.

Les différents types d'engrais

On distingue d'une part les engrais minéraux et les engrais organiques, d'autre part en fonction de leur durée d'action les engrais longue durée et les engrais à action immédiate.

1 LES ENGRAIS ORGANIQUES

Ce sont des engrais naturels qui sont riches en éléments nutritifs nécessaires aux plantes, mais généralement sous une forme non directement assimilable : il faut dans un premier temps que les micro-organismes les transforment en éléments assimilables par les racines.

• Le compost

La forme la plus naturelle d'engrais organique est le compost mûr, issu de la décomposition de matières végétales. Ces déchets végétaux sont par exemple des feuilles, rameaux, épluchures de fruits et légumes, tontes de gazon ou cendres de bois. Vous pouvez fabriquer votre propre compost dans votre jardin, en silo ou composteur. Ne l'utilisez cependant jamais pur comme terreau pour les plantes en pot. Sa composition, et donc sa teneur en éléments nutritifs, est en effet très variable selon les matériaux compostés.

Mieux vaut ne pas dépasser un tiers de compost bien décomposé dans la préparation d'un terreau pour les plantes en bac. Proscrivez l'utilisation de compost en phase de maturation, car le processus de décomposition dégage de la chaleur et des produits intermédiaires qui peuvent être toxiques pour les racines.

• Le guano

Cet engrais naturel issu de fientes d'oiseaux marins est très riche en azote. Les réserves sont cependant limitées car ce sont souvent des accumulations de guano vieilles de plusieurs siècles qui sont exploitées.

La composition peut être variable, aussi faut-il tenir compte d'une teneur en azote plus ou moins importante. L'avantage : les éléments nutritifs sont rapidement assimilables par les plantes.

• Le fumier

Il est de plus en plus difficile de se procurer directement du fumier de ferme, mais les jardineries proposent des sacs de fumier déshydraté.

Comme pour tous les engrais organiques, la teneur en éléments nutritifs peut être évaluée par sondages, mais la composition n'est pas uniforme. Le fumier demeure cependant un bon complément nutritif pour les plantes gourmandes en azote comme les agrumes *(Citrus)*, les buis *(Buxus)* et les lauriers-roses *(Nerium)*.

• La corne broyée, la corne torréfiée et la poudre d'os

Si vous incorporez l'un de ces engrais d'origine animale dans le terreau de vos bacs, vous apportez aux racines un engrais longue durée. Les risques de surdosage sont quasi inexistants, car la décomposition en éléments assimilables par les racines ne se fait que lorsque les plantes sont en croissance active, en été, alors qu'elle est stoppée par temps froid. Ainsi ce sont les racines qui « gèrent » leurs besoins, avec l'aide des micro-organismes.

2 LES ENGRAIS MINÉRAUX

À la différence des engrais organiques, ces engrais contiennent des éléments nutritifs directement assimilables et précisément

Enfoncez les bâtonnets d'engrais jusqu'au centre de la motte pour qu'ils soient à proximité des racines.

dosés. La plupart sont proposés sous forme de poudre, ou bien sous forme de granulés ou bâtonnets, ou encore en solution, c'est-à-dire sous forme liquide. Ils sont souvent dissous dans l'eau d'arrosage. Les éléments nutritifs sont ainsi directement mis à disposition des radicelles, sans intervention des micro-organismes.

3 Les engrais à effet immédiat

Il s'agit là de tous les engrais dont les éléments nutritifs sont directement assimilables par les racines et qui peuvent donc commencer à être absorbés peu après application. En règle générale, ce n'est pas le cas des engrais organiques (voir page 44) qui demandent plusieurs semaines pour fournir les éléments nutritifs aux racines. Les engrais à effet immédiat sont donc presque toujours des engrais minéraux.

4 Les engrais longue durée

Ce type d'engrais relativement nouveau est pratique pour les jardiniers amateurs : un seul apport suffit à subvenir aux besoins des plantes pendant plusieurs mois. Les éléments nutritifs sont enfermés dans un enrobage qui les diffuse progressivement. Là encore, il n'y a guère de risque d'excès car si la libération des minéraux est augmentée avec l'activité des plantes et l'arrosage, elle est stoppée lorsque la plante est en repos. Le prix plus élevé de ce type d'engrais est compensé par sa durée d'action et sa facilité d'utilisation. Présenté sous forme de pastilles ou bâtonnets, cet engrais est apporté en surface du terreau ou bien incorporé en profondeur.

5 Engrais foliaire ou racinaire ?

Le plus souvent, l'engrais destiné aux plantes en bac est apporté en surface du terreau. En cas de carence spécifique, par exemple en fer, un apport de l'élément minéral au niveau des feuilles peut être précieux. Attention, le fer s'oxyde au contact de l'air et laisse des traces brunes sur le revêtement de sol ou sur les vêtements.

Dosage et fréquence des engrais

Une fois que vous avez opté pour un certain type d'engrais parmi ceux présentés ci-dessus, il faut maintenant décider de son dosage et de la fréquence des apports.

1 Comment préparer le bon dosage ?

N'allez pas croire que « plus on en donne, mieux les plantes poussent ». Les sels minéraux des engrais à action rapide peuvent en effet avoir des effets toxiques en cas de concentration excessive. Si les racines sont touchées, les parties aériennes également : chute des feuilles, dépérissement des tiges. Si c'est un engrais foliaire qui est surdosé, les cellules des feuilles sont atteintes, surtout lorsqu'elles sont par ailleurs exposées au plein soleil. Les feuilles portent alors des taches décolorées, là où les tissus sont lésés. Veillez donc à toujours respecter les doses préconisées par le fabricant, généralement exprimées en pourcentage. Une dilution à 0,1 % signifie que l'on doit diluer 1 g ou 1 ml d'engrais par litre d'eau. Les dilutions conseillées pour les plantes en pot sont sou-

Pour une pesée précise de l'engrais, utilisez au besoin une balance de précision, par exemple un pèse-lettre.

Ne versez pas directement ces « granulés bleus » au pied de vos plantes en pot ! La concentration en éléments nutritifs est trop élevée et risque de brûler les racines.

Pour que l'engrais soit bien réparti dans l'arrosoir, il est bon de le dissoudre d'abord dans un peu d'eau.

vent de l'ordre de 0,2 % à 0,3 %, soit 2 à 3 g ou ml par litre d'eau.

Les cactées et les orchidées demandent des dosages très faibles, de l'ordre de 0,1 %. Selon le produit acheté, ces chiffres peuvent varier considérablement. Reportez-vous aux conseils d'emploi figurant sur l'emballage et mesurez aussi précisément que possible la quantité d'engrais. Vous trouverez souvent des bouchons-doseurs, mais vous pouvez sinon utiliser une balance de précision ou un pèse-lettre. Lorsque vous diluez un engrais en poudre dans l'eau, veillez à bien mélanger avant usage, pour que les sels minéraux se répartissent bien dans la solution.

② LE DOSAGE INDIVIDUEL DE LA SOLUTION D'ENGRAIS

Une fois la solution d'engrais préparée, se pose la question de la quantité à donner à chaque plante ! En règle générale, on compte environ un demi-litre d'engrais en solution pour 3 litres de volume de terreau. Celui-ci doit être légèrement humide avant l'application de l'engrais liquide, jamais desséché, sans quoi les sels minéraux apportés avec la solution risquent d'atteindre des concentrations toxiques.

③ À QUELLE PÉRIODE DONNER DE L'ENGRAIS ?

Les plantes de la terrasse ou véranda ne doivent recevoir de l'engrais qu'en période de croissance. Cette période varie selon les espèces et les conditions d'hivernage. Les plantes hivernées dans un local sombre n'entrent souvent en croissance qu'à partir d'avril. Dans une véranda chauffée, lumineuse, de nombreuses espèces ne marquent guère de repos végétatif et ne font que réduire leur croissance en hiver. Vous pouvez pour ces dernières poursuivre même en hiver les apports d'engrais, mais avec un dosage plus faible et une fois par mois seulement.

Pour toutes les plantes passant l'hiver en situation fraîche, il faut cesser fin août les apports d'engrais pour favoriser la maturation des tiges avant l'hiver. Les jeunes pousses et feuilles ne sont sinon pas préparées à résister au froid car elles ont une écorce trop fine et sont trop souples. C'est pourquoi on ne stimule plus à partir d'août la formation de nouvelles pousses, mais plutôt l'épaississement de celles de l'été. Pour ces plantes en bac, la période des apports d'engrais va de début

DOSAGE DE LA SOLUTION D'ENGRAIS

Faux : *N'apportez pas d'engrais sur un terreau sec, car les éléments minéraux se répartissent alors de façon inégale.*

Correct : *Si vous versez la solution enrichie en engrais sur un terreau humide, elle se répartit uniformément et toutes les racines reçoivent les éléments nutritifs nécessaires. La croissance des tiges et des racines est alors harmonieuse.*

avril à fin août. Si vous optez pour un engrais longue durée, il faut donc prendre cet aspect en considération et veiller à ce que la période d'action de l'engrais se termine à peu près fin août. Les formulations proposant quatre à six mois d'efficacité sont les plus appropriées. Les engrais à action lente agissant durant huit à douze mois sont à réserver aux plantes de véranda chauffée, là où la croissance est possible toute l'année. Cette durée est trop longue pour le jardin en pots sur la terrasse ou le balcon.

4 Fréquence des apports d'engrais

On ne répond pas aux besoins différents des plantes en éléments nutritifs par des concentrations différentes de l'engrais (voir plus haut), car il serait bien compliqué de préparer plusieurs dilutions ! Plus simple, on satisfait des besoins différents en jouant sur la fréquence des apports d'engrais. Pour la plupart des plantes en bac, un rythme hebdomadaire est parfait, c'est-à-dire des apports d'engrais une fois par semaine. Pour les espèces à croissance très vigoureuse, comme le laurier-rose *(Nerium)*, le datura *(Brugmansia)* ou le cestrum *(Cestrum)*, vous pouvez faire deux apports par semaine en pleine période de croissance. Les plantes au contraire à croissance lente se contentent d'un terreau plus pauvre et donc d'un apport d'engrais toutes les deux semaines.

Les engrais à action lente échappent à la règle puisqu'un apport annuel au printemps se révèle généralement suffisant. Pensez cependant à apporter cet engrais, qu'il s'agisse de bâtonnets, granulés ou pastilles, assez tôt en saison, environ deux à trois semaines avant la reprise d'une croissance active. L'enrobage de l'engrais doit en effet commencer à s'humidifier pour libérer les éléments minéraux. Il faut donc prévoir cette opération un peu en avance par rapport à la période de réelle efficacité de l'engrais. Certains engrais longue durée sont associés à un engrais à effet immédiat, ce qui est pratique, car il suffit de l'apporter en avril. Pour les plantes très vigoureuses, un apport d'engrais longue durée au printemps ne suffit pas toujours pour toute la saison de croissance. Si elles montrent en été des feuilles pâles, une croissance ou une floraison réduites, complétez les apports d'engrais, non par un nouvel apport d'engrais longue durée, dont l'action se prolongerait en automne, mais par des apports d'engrais liquide, à effet immédiat.

Les engrais à action lente sont généralement présentés dans un enrobage qui se dissout progressivement. On les épand en surface du terreau ou bien on les incorpore à ce dernier.

Quand et comment tailler ?

Un mot tout d'abord : la plupart des jardiniers n'utilisent que trop rarement et trop timidement le sécateur ! C'est pourtant grâce à une taille régulière que vos plantes conservent année après année une silhouette harmonieuse. Dans la nature, les végétaux se développent certes librement, mais le résultat ne satisfait pas toujours nos critères esthétiques, avec des branches tordues, des couronnes déséquilibrées ou immenses. La taille contribue à maintenir une belle silhouette, une bonne vigueur et une floraison généreuse.

La bonne période de taille

Sous nos climats d'Europe tempérée, les plantes en pot ne sont pas en croissance toute l'année comme sous les Tropiques. Elles sont généralement en repos végétatif durant cinq mois, entre octobre et février. Pour les plantes des vérandas chauffées, le repos est plus court, deux ou trois mois seulement pendant lesquels la croissance est ralentie du fait de la faible luminosité. Il faut généralement éviter de tailler les plantes durant cette période de repos. Plusieurs périodes d'intervention sont possibles par contre entre mars et septembre.

Aérez la ramure des plantes âgées en supprimant entièrement, à la scie, les tiges et rameaux trop denses au centre de la couronne.

❶ Taille en fin d'hiver

Le meilleur moment pour tailler, qu'il s'agisse d'une intervention limitée ou importante, est la fin d'hiver, peu avant la reprise de la croissance. Cette période se situe entre mi-février et mi-avril selon l'emplacement et l'espèce, pour les plantes de terrasse ou véranda. Cette période est très favorable parce que les plaies de taille cicatrisent rapidement avec la reprise d'activité de la plante. Qui plus est, toute l'énergie déployée par la plante en début de croissance se traduit par un développement rapide des tiges et pousses voulues. Si vous repoussez la taille à plus tard, après cette entrée en croissance, ce sont les jeunes pousses que vous supprimez. C'est pourquoi la fin d'hiver ou début de printemps constitue la période idéale de taille pour presque toutes les plantes en bac.

❷ TAILLE DE PRINTEMPS

Font exception à la règle de la taille en fin d'hiver (voir ci-dessus) les plantes qui fleurissent à cette période ou peu après. En font partie par exemple les mimosas *(Acacia)*, les romarins *(Rosmarinus)*, ou les grévilléas *(Grevillea)*. Si vous les rabattez en fin d'hiver, vous supprimez toutes les fleurs. C'est pourquoi on ne les taille qu'après la floraison.

❸ TAILLE D'ÉTÉ

Pour les espèces à croissance très vigoureuse, cultivées en bac, une unique intervention de taille en fin d'hiver ne suffit généralement pas.

Il est bon de raccourcir les tiges trop longues dès que nécessaire, entre mai et août. Une taille légère de l'extrémité des tiges permet de conserver une couronne régulière, de maîtriser la croissance de la plante, mais aussi de stimuler la formation de nouvelles pousses. Il en va de même pour les plantes à petites feuilles formées en topiaires, par exemple les buis *(Buxus)* ou troène *(Ligustrum delavayanum)*, qui sont taillés deux à quatre fois par an. Pour les topiaires à grandes feuilles, comme le laurier-sauce *(Laurus nobilis)* ou le laurier-cerise *(Prunus laurocerasus)*, une taille de printemps puis une taille d'été suffisent.

N'hésitez pas à rabattre presque à la base au printemps, avant l'entrée en croissance, les arbustes pour lesquels ce mode de taille est conseillé, car ils émettront rapidement de nouvelles tiges.

❹ TAILLE D'AUTOMNE

Bien que cela ne soit pas conseillé, il est possible de rabattre les plantes en octobre avant de les rentrer. Les plaies de taille ont en effet du mal à cicatriser à cette saison et constituent des portes d'entrée pour les maladies. Une taille légère est cependant possible lorsque la place manque dans les quartiers d'hiver. Les plantes non rabattues, trop encombrantes, se gêneraient mutuellement et se trouveraient en concurrence pour le peu de lumière de la saison d'hiver. Les parasites se transmettent par ailleurs plus facilement d'une plante à l'autre lorsque les feuillages se touchent. Ne coupez cependant à cette période de l'année que ce qui gêne, rien de plus. Évitez une taille sévère en automne car vous risqueriez en fin d'hiver de ne plus retrouver que quelques pousses étiolées après cette période où sévissent faible luminosité et maladies.

5 Rythme de taille

Tout l'art d'une silhouette équilibrée réside dans la régularité de la taille : mieux vaut tailler un peu chaque année que d'entreprendre au bout de quelques années une taille drastique. Tant que les rameaux de vos plantes en bac sont encore jeunes et souples, ils reprennent sans tarder après la taille une croissance vigoureuse. Le vieux bois, à écorce dure, est plus paresseux et émet plus difficilement de nouvelles pousses, aucune chez les conifères. Une taille répétée permet au contraire d'éviter que la couronne ne se développe excessivement, ce qui oblige ensuite à un rabattage sévère sur le vieux bois, avec une reprise ensuite difficile. Après une taille drastique, il faut souvent attendre plusieurs années avant de retrouver une silhouette harmonieuse et une floraison généreuse.

Des outils de qualité

La technique ne suffit pas, de bons outils sont indispensables pour faire une taille propre et nette quel que soit le diamètre des tiges.

1 Sécateurs

Le sécateur de jardin est tout simplement l'outil indispensable. Petit et léger, il peut avec ses courtes lames se glisser dans les ramures denses. On distingue essentiellement deux types de sécateurs :

Sécateur à enclume : La lame tranchante vient ici en appui sur la contre-lame en enclume, large et épaisse. Le rameau est maintenu tandis que la lame coupe le bois. Du fait de la pression exercée, l'écorce peut être un peu déchiquetée en petits éclats au niveau de la coupe.

Sécateur à lames croissantes : Dans ce type de modèle, la lame vient glisser sur la contre-lame métallique, large, souvent incurvée. La coupe obtenue est plus lisse et plus propre qu'avec un sécateur à enclume, mais ce type de modèle est plus fragile que le

On n'a jamais trop de sécateurs et tous doivent avoir des lames bien aiguisées et tranchantes.

premier. La lame s'écarte ou s'émousse plus facilement si vous essayez de couper de trop grosses branches. Elle peut même se tordre.

2 CISAILLES À HAIE ET ÉBRANCHEURS

Là où l'usage du sécateur devient difficile, il faut avoir recours à l'ébrancheur, aux lames plus robustes. Son usage est certes moins courant pour les plantes en bac que pour les arbustes du jardin, mais il est indispensable pour une taille de rajeunissement (voir page 59). Les ébrancheurs modernes ne fonctionnent plus simplement par effet de levier mais avec un système de démultiplication qui limite les efforts à fournir : pour couper une branche d'une même épaisseur, il faut nettement moins de force ! À l'achat, soyez attentif au poids de l'ébrancheur : les modèles en aluminium sont les plus légers.

Les cisailles à haie ne sont utilisées que pour tailler les topiaires à petites feuilles. Les modèles traditionnels ont des lames très aiguisées auxquelles ne peuvent échapper les pousses encore souples, régulièrement taillées ! Évitez tout taille-haie électrique ou tondeuse à fil pour tailler ces arbustes. La moindre erreur de manipulation en effet compromet la forme soigneusement entretenue, et il faut plusieurs années pour corriger la coupe désastreuse ! Prenez le temps de tailler vos topiaires manuellement.

3 L'ENTRETIEN DES OUTILS

Il convient de nettoyer soigneusement les outils de taille après usage. Cet entretien prolonge la vie de vos outils mais contribue aussi à garder vos plantes en bonne santé. Lorsque vous coupez tiges ou feuilles riches en sève, les lames se couvrent d'un enduit collant qui peut abriter des germes de maladies. En passant à la taille d'une autre plante, vous risquez ainsi de transmettre des maladies ensuite difficiles à combattre, que l'agent responsable soit un virus, une bactérie ou encore un champignon microscopique.

Techniques de taille

Une bonne coupe commence par des détails importants : bien tenir en main le sécateur et bien placer les lames pour la coupe. L'apprentissage par étapes est facile si vous prenez le temps de bien observer les plantes.

1 MAINTENIR UNE SILHOUETTE

À l'exception des espèces formées en topiaires (voir page 61), il convient de laisser chaque plante développer une silhouette naturelle et harmonieuse. Si vous la guidez tout en respectant ses prédispositions génétiques, vous obtiendrez en général de bien meilleurs résultats que si vous essayez de lui imposer vos souhaits en matière de formation. La plupart des plantes cultivées en bac sont des arbustes, avec une ramure ou couronne de forme grossièrement ovale ou sphérique. Ce serait donc une erreur de couper toutes les tiges à une hauteur donnée. Essayez plutôt de tailler l'extrémité des tiges en dôme, les tiges externes demeurant plus courtes que les tiges du centre du buisson. Les plantes en bac qui ont une silhouette d'arbre, comme le jacaranda *(Jacaranda)*, le lilas des Indes *(Melia)*, l'eucalyptus *(Eucalyptus)* ou l'arbre de soie *(Albizia)*, ont ten-

Placez la plante à tailler à bonne hauteur et examinez sa ramure sous tous les angles.

Coupez toujours juste au-dessus d'un bourgeon orienté vers l'extérieur de la ramure et faites une coupe en biseau.

Si vous manquez d'expérience, travaillez progressivement, en raccourcissant tige par tige.

dance à former tout d'abord un tronc, puis à développer leur couronne à souvent 2 m et plus de hauteur. Laissez donc d'abord se développer les tiges – vous n'obtiendrez souvent guère de ramifications en les rabattant, mais supprimez toutes les ramifications issues de la base des tiges, pour favoriser les pousses terminales. Vous favorisez ainsi la formation d'une couronne bien ramifiée en haut du tronc.

2 SÉLECTIONNER DES BOURGEONS SAINS

Il est important de ne pas couper une tige n'importe où lorsque vous la taillez. Selon la silhouette voulue, cherchez à bonne hauteur les bourgeons ou feuilles vigoureux et sains, orientés vers l'extérieur de l'arbuste. Positionnez le sécateur légèrement en biseau dans le sens de la croissance, à 2-3 mm au-dessus du bourgeon et faites une coupe propre et plane. Si vous coupez sur un bourgeon orienté vers l'intérieur, vous obtiendrez au fil des années une ramure trop dense, avec des tiges qui se croisent et se gênent mutuellement. Si vous ne coupez pas juste au-dessus du bourgeon ou de la feuille, il restera un « moignon » de tige qui finira immanquablement par brunir et sécher. Outre le fait que l'aspect est peu esthétique, cette coupe trop longue rend la cicatrisation plus difficile. Les maladies s'installent aisément sur ces tissus morts, dépourvus de défenses immunitaires et risquent ensuite de se propager dans les tissus vivants.

TAILLE D'ÉCLAIRCISSAGE

Faux : *Après l'éclaircissage, ne doit plus subsister aucun « moignon » de bois mort ou sec.*

Correct : *Les tiges bien alimentées par la sève ont une cicatrisation rapide, puis reprennent une croissance vigoureuse.*

Les différentes tailles

« Les plantes exotiques demandent des soins très particuliers. » Ce point de vue est très répandu chez les jardiniers, qui s'imaginent souvent qu'il est très compliqué de tailler ces plantes. Les plantes en bac suivent pourtant les plantes de jardin sur ce point et peuvent être distinguées en différentes catégories de taille. Au sein de chaque catégorie, la marche à suivre est à peu près identique pour toutes les plantes.

1 LA TAILLE D'ÉCLAIRCISSAGE

Pour ces plantes, il suffit de procéder en fin d'hiver à une taille légère, de nettoyage. Dans le détail, cette catégorie comprend les groupes de plantes suivants :

Rabattez au printemps les tiges ayant souffert du froid, en coupant jusque dans les tissus sains.

• Les arbustes à croissance lente

Ils se passent généralement de toute intervention de taille, ayant naturellement un port compact. Il suffit d'intervenir annuellement en février ou mars pour rabattre jusqu'au bois sain (facile à reconnaître à son écorce verte) les rameaux malades ou desséchés. Éliminez également les rameaux qui se croisent ou sont mal orientés, poussant vers l'intérieur de la couronne. L'objectif est d'obtenir une ramure bien aérée et équilibrée. Appartiennent par exemple à ce groupe d'arbustes le camélia *(Camellia)*, l'osmanthe *(Osmanthus fragrans)*, les grévilléas *(Grevillea juniperina, G.* x *semperflorens)*, le prostanthéra *(Prostanthera)*, le michélia *(Michelia figo)*.

• Les plantes vivaces et bulbeuses

Les agapanthes *(Agapanthus)*, les oiseaux-de-paradis *(Strelitzia)*, le lin de Nouvelle-Zélande *(Phormium)* ou le bananier *(Musa)*, ne développent pas de tiges ramifiées. Ils sont constitués de touffes de feuilles qui peuvent partiellement sécher ou brunir durant l'hiver. Supprimez ces feuilles au plus tard en début de printemps. Mieux vaut cependant couper plus tôt les feuilles jaunies ou abîmées pour éviter les risques de pourriture. Les plantes grasses comme les agaves font également partie de ce groupe qui ne demande que la suppression des feuilles abîmées.

• Les palmiers

Les palmiers ont un point de croissance unique, situé à l'extrémité du « tronc » ou stipe. Ce n'est que là que peuvent se développer de nouvelles feuilles, aussi ne faut-il jamais rabattre la tige d'un palmier. La seule intervention de taille consiste à supprimer les palmes inesthétiques. N'entreprenez cependant pas ce nettoyage trop tôt en saison, car les vieilles feuilles protègent les nouvelles du froid, du vent et même du soleil ardent.

Attendez de préférence le mois de mai pour procéder à ce nettoyage. Laissez une petite partie du pétiole de la feuille sur le tronc, pour que celui-ci garde une certaine épaisseur. Si vous enlevez tout le pétiole, le palmier finit souvent par avoir un stipe long et décharné. Qui plus est, la base des pétioles emboîtés protège la partie centrale qui se lignifie. La suppression de la base des pétioles n'a donc aucun intérêt esthétique, au contraire.

• Quelques cas exceptionnels

D'autres cas viennent compléter cette catégorie de plantes qui se contentent d'une taille de nettoyage. C'est le cas des érythrines *(Erythrina)* qui sèchent naturellement chaque année durant l'hiver et développent au fil des années des troncs courts, noueux. Il ne faut pas les rabattre en automne, mais en avril, lorsqu'il est facile de distinguer les parties desséchées des nouvelles pousses. Supprimez alors tous les rameaux morts.

TAILLE DE CORRECTION

Faux : *Ne coupez pas toutes les tiges à la même hauteur.*

Correct : *La taille doit conserver la forme arrondie ou ovale de la ramure.*

Faux : *Si vous vous contentez d'une timide intervention de taille, vous obtiendrez au fil des ans un réseau trop dense d'innombrables tiges, partiellement dégarnies.*

Correct : *Rabattez sans crainte les tiges en mars et palissez ou guidez les jeunes pousses pour qu'elles couvrent bien le support.*

❷ LA TAILLE DE CORRECTION

Malgré une croissance annuelle modérée, bien des plantes ne poussent pas comme vous le souhaitez : elles se dégarnissent à la base, ont une croissance asymétrique ou développent une couronne déséquilibrée, trop étroite ou trop large. Vous pouvez intervenir par une taille de correction pour éviter ou remédier au problème.

• Les arbustes à croissance modérée

Cette catégorie comprend de très nombreuses espèces, la plupart d'ailleurs des plantes cultivées en bac. Y figurent par exemple le lantana *(Lantana)*, l'hibiscus *(Hibiscus)*, le pittosporum *(Pittosporum)*, le polygala *(Polygala)*, le leptospermum *(Leptospermum)*, l'érémophila *(Eremophila)*, le dodonéa *(Dodonea)*, le calliandra *(Calliandra)* ou le myrte *(Myrtus)*. L'objectif de la taille est de rectifier les irrégularités esthétiques. Les plantes pourraient se passer de taille et fleurir mais leur port serait moins compact et régulier.

Cette taille de correction menée chaque année permet au contraire de favoriser une ramure dense, de maîtriser la hauteur de la plante sans attendre qu'elle prenne des proportions telles qu'une intervention drastique s'impose. Si vous négligez cette taille de correction, vous serez contraint au bout de quelques années d'envisager une taille radicale (voir page 60). La taille de correction vise surtout à couper dans le bois jeune, formé la saison précédente, avec une écorce encore lisse et claire. Mieux vaut éviter de rabattre jusqu'au vieux bois, qui se régénère plus difficilement.

S'il est régulièrement taillé, le pandoréa (Pandorea jasminoides) *garde un port buissonnant et fleurit à hauteur des regards et non à l'extrémité de très longues tiges.*

• Les plantes grimpantes

On attend des plantes grimpantes telles que la passiflore *(Passiflora)*, le jasmin *(Jasminum)*, les mandévilla *(Mandevilla)* ou pandoréa *(Pandorea)* une croissance rapide, ce qui permet sur la terrasse ou dans la véranda de créer un bel écran de verdure ou d'habiller un vilain mur. Ce qui est donc un gros avantage au début peut cependant devenir un handicap, si l'on ne contrôle pas la vigueur de ces plantes grimpantes ou sarmenteuses. Veillez à éclaircir chaque année en fin d'hiver le réseau dense de tiges, en supprimant les pousses mal placées ou en surnombre, en raccourcissant celles trop longues. La reprise de la croissance vous assure ensuite d'une généreuse floraison à bonne hauteur et non juste sous le toit du balcon ou de la serre ! Les plantes grimpantes longtemps négligées peuvent aussi être soumises à une taille radicale (voir page 60).

3 La taille de rajeunissement

Le jardinier se réjouit bien sûr de voir pousser ses plantes. Mais l'humeur change lorsque les plantes cultivées en pot ou bac prennent trop d'ampleur ! Nombre d'espèces fleurissent en outre moins bien sur les tiges âgées. Si vous souhaitez profiter pendant des dizaines d'années d'une belle floraison et pas seulement d'un feuillage luxuriant, il faut régulièrement entreprendre une taille de rajeunissement.

Les candidats à ce type de taille sont surtout les arbustes à croissance vigoureuse comme le laurier-rose *(Nerium)*, le cestrum *(Cestrum)*, l'iochroma *(Iochroma)*, les solanums *(Solanum)*. Sans un rabattage annuel, ces plantes deviennent rapidement incompatibles avec une culture en pot. C'est pourquoi il est bon de couper à la base en février ou mars quelques-unes des plus vieilles tiges pour laisser la place aux jeunes pousses. Ainsi la plante est plus florifère et se ramifie plus aisément. Coupez ces vieilles tiges au ras du sol. Si vous vous contentez de raccourcir les tiges du laurier-rose, vous vous privez chaque année de très nombreuses fleurs, car les boutons floraux sont formés en fin d'été à l'extrémité des tiges. Si vous supprimez quelques vieilles tiges, vous préservez les fleurs des jeunes tiges. Si malgré un rajeunissement annuel, ces plantes prennent un port déséquilibré, une taille radicale peut être entreprise (voir ci-après).

Taille de rajeunissement

Faux : *Il est certes important de pincer l'extrémité des tiges pour qu'elles se ramifient, mais cela ne suffit pas pour les plantes âgées.*

Correct : *Pour une taille de rajeunissement, supprimez à la base quelques-unes des plus vieilles tiges, afin de favoriser de nouvelles pousses basales.*

Il est conseillé de protéger par un mastic cicatrisant les bords des plaies de taille dont le diamètre excède celui d'une pièce d'un euro.

CONSEIL

Ne raccourcissez pas au printemps les tiges des plantes comme le laurier-rose *(Nerium)* qui préparent dès la fin d'été la floraison suivante. Attendez pour les rabattre la fin de la floraison, sinon vous aurez très peu de fleurs, les pousses latérales ne fleurissant pas toutes simultanément.

4 LA TAILLE RADICALE

Elle s'adresse d'une part aux plantes qui ont besoin chaque année d'une taille sévère, d'autre part à celles qui ont pris un port déséquilibré ou dégarni.

• Les arbustes et les sous-arbrisseaux

Les cistes *(Cistus)*, l'anisodontéa *(Anisodontea)*, le faux hibiscus *(Alyogyne)*, la dentelaire du Cap *(Plumbago)*, la queue de lion *(Leonotis)*, le tibouchina *(Tibouchina)*, le streptosolen *(Streptosolen)*, le lilas des Indes *(Lagerstroemia)* ou encore le cassia *(Cassia)* demandent à être rabattus sévèrement chaque année en fin d'hiver. Leurs tiges manquent sinon de tenue et peuvent facilement casser ou s'affaisser. Qui plus est, ces arbustes fleurissent à l'extrémité des pousses de l'année, peu sur les tiges plus anciennes. C'est pourquoi les tiges de ces plantes peuvent être rabattues, selon l'âge des plantes, les jeunes sujets plus que les sujets âgés, à 15 à 30 cm de longueur. Sans cette taille radicale, ces arbustes se dégarnissent rapidement et fleurissent peu. Le même principe de taille radicale peut être appliqué aux sujets formés sur tige.

• Les arbustes à feuillage caduc

La taille radicale peut par ailleurs se révéler utile de temps à autre pour tous les arbustes à feuillage caduc. Si les représentants des catégories de taille 2 ou 3 ont pris un aspect disgracieux ou déséquilibré avec le temps, du fait d'erreurs d'entretien ou de négligence, il est toujours possible de les soumettre à une taille radicale, pas plus d'une fois tous les 5 ou 6 ans cependant. Il faut

TAILLE RADICALE

Rabattez chaque année d'environ une largeur de main les tiges des sous-arbrisseaux, qui ne sont lignifiés que dans leur partie basale.

Rabattez sévèrement l'anisodontéa (Anisodontea) *avant que les tiges se dégarnissent, ne s'affaissent ou ne cessent presque de fleurir.*

toutefois savoir que la floraison est généralement compromise pendant un an ou deux. Les tiges sont rabattues jusqu'à 15-20 cm de la base. Appliquez un mastic cicatrisant sur les bords des plaies de taille (pas sur toute la surface) si elles dépassent 2,5 cm de diamètre.

• Autres cas

Cette taille radicale peut même être appliquée à certaines plantes proches des palmiers, comme les dracénas *(Dracaena)*, les yuccas *(Yucca)* ou les cordylines *(Cordyline)*. Ces plantes ne demandent au début aucune taille, il suffit de supprimer les feuilles sèches quand nécessaire. Si elles deviennent trop grandes, elles peuvent être rabattues en coupant la tige à la hauteur voulue. Même les portions de tige dépourvues de feuilles sont alors capables d'émettre de nouvelles pousses. Les silhouettes obtenues après cette taille sont d'ailleurs souvent plus ramifiées.

5 LA TAILLE DES TOPIAIRES

Se prêtent à la taille en topiaire pour ainsi dire tous les arbustes formés sur tige. Les sujets appelés « tiges » ou « demi-tiges » portent à l'extrémité d'une tige unique et verticale, plus ou moins haute, une couronne plus ou moins sphérique. Entrent également dans la catégorie des topiaires les autres formes géomé-

Utilisez pour la taille des topiaires des cisailles à haie manuelles et non électriques, qui permettent un travail plus précis.

Une fois mis en forme, ce troène à croissance rapide (Ligustrum delavayanum) *conserve un feuillage bien compact pendant environ six semaines.*

triques telles que pyramide ou sphère, mais aussi les formes libres plus imaginatives, par exemple oiseau, dauphin, ou encore automobile, qui sont les véritables topiaires. La fréquence de taille de ces différentes formes dépend de leurs exigences : la taille sera d'autant plus fréquente qu'une forme précise doit être préservée.

• Les espèces à petites feuilles

Pour le buis *(Buxus)* comme pour le myrte *(Myrtus)*, on peut considérer qu'une taille annuelle à la mi-juin suffit à maintenir la forme si l'on n'attend pas des contours parfaits tout au long de l'année. Pour plus de précision, taillez-les début mai et en juillet, encore une fois en août si nécessaire, mais pas plus tard pour permettre la maturation des pousses avant l'hiver. D'autres espèces comme le troène *Ligustrum delavayanum* prennent rapidement une allure « échevelée » et demandent jusqu'à cinq interventions de taille entre mai et août. Ces espèces sont faciles à tailler avec des cisailles à haie (voir page 53).

• **Les espèces à grandes feuilles**

Le laurier-sauce *(Laurus)*, le fusain *(Euonymus)*, le houx *(Ilex)*, le laurier-tin *(Viburnum tinus)*, l'olivier *(Olea)* ou encore le photinia *(Photinia)* demandent à être taillés au sécateur, en veillant à ne pas « hacher » les feuilles. Les feuilles coupées conservent en effet des bords brunis, disgracieux pendant de nombreuses semaines sur l'arbuste. Pour ces espèces, une taille annuelle fin juillet s'avère généralement suffisante, éventuellement complétée par une autre en mai.

6 LA TAILLE DES FRUITIERS

Chez les espèces fruitières cultivées en pot ou en bac, comme le kaki *(Diospyros)*, le mûrier *(Morus)*, le kiwi *(Actinidia)*, la vigne *(Vitis vinifera)*, ou bien le ziziphus *(Ziziphus)*, l'intervalle entre floraison et maturité des fruits est calculé au plus juste sous nos climats ! C'est pourquoi il est important que la plante mette l'essentiel de son énergie à profit pour la fructification. Il faut donc essayer de contenir la croissance des tiges. Les tiges trop longues sont à nouveau rabattues en été, à trois à sept feuilles au-dessus du dernier fruit en formation. Dès que vous les identifiez, éliminez entièrement les tiges qui ne servent pas à la formation de l'ossature de la plante. Cette taille estivale favorise le grossissement des fruits, mais aussi la formation de ramifications qui évolueront en bois fructifère. Par ailleurs, pour récolter des fruits mûrs et sucrés, la couronne doit demeurer aérée et recevoir le plus de soleil possible. Comme pour les arbres fruitiers de nos vergers, un éclaircissage régulier vise à renouveler le bois fructifère. Repérez les ramifications porteuses de fruits. Vous pourrez en général les conserver trois à cinq ans. Il faut durant cette période favoriser le jeune bois qui prendra le relais de la fructification.

Le figuier *(Ficus carica)* constitue une exception à cette règle. Les tiges coupées exsudant une sève laiteuse, il faut éviter la taille en été et plutôt entreprendre en fin d'hiver une taille de correction, pendant que la plante est encore en repos végétatif.

Même les arbres fruitiers « exotiques » comme le kaki (Diospyros kaki) *forment leurs plus gros fruits sur le bois fructifère.*

La multiplication des plantes cultivées en bac

L'enthousiasme pour des plantes hors du commun vire souvent à l'acharnement ! Une fois qu'on y a goûté, on rêve de collecter toujours plus d'espèces. Multiplier les plantes soi-même, par semis ou bouturage, est un plaisir et une fierté. Les techniques décrites ici ne présentent guère de difficulté, même pour les débutants… il suffit d'un peu de pratique !

Le bon matériel pour la multiplication

La réussite de la multiplication de vos plantes dépend en premier lieu de la qualité du matériel végétal utilisé, graines ou autres. Soyez attentif aux points suivants :

1 Garantie fraîcheur des graines

Les graines ne conservent leur capacité germinative que pendant une durée variable selon les espèces, de quelques jours à plusieurs dizaines d'années, parfois plusieurs siècles. En règle générale, il est préférable d'utiliser pour vos semis des graines âgées de moins de 12 mois, ou mieux encore, de moins de 6 mois. Ce qui correspond à un semis des graines au printemps, après une

Si vous ne coupez pas régulièrement les inflorescences fanées, pour prolonger la période de floraison, vous pouvez récolter en fin d'été de nombreuses graines, puis les semer, comme ici ces graines d'agapanthe (Agapanthus).

récolte des graines mûres en fin d'été. Les graines dont la capacité germinative est très courte doivent être semées aussitôt récoltées. Sous nos climats, les semis d'automne impliquent l'utilisation durant les mois d'hiver d'une miniserre avec résistance chauffante et éclairage d'appoint. Si vous ne semez qu'au printemps, conservez les graines au frais, dans le réfrigérateur ou un local à moins de 10 °C. Veillez aussi à les placer dans des récipients étanches, pour éviter toute humidité favorisant le développement de moisissure ou pourriture. L'idéal est une conservation sous sachet plastique opaque, scellé sous vide. Si les graines sont conservées en situation trop chaude et humide, elles risquent de commencer leur germination et de perdre les réserves énergétiques qui leur seront indispensables lors du semis.

2 BIEN CHOISIR LES PLANTES-MÈRES

Outre le semis, multiplication sexuée, de nombreuses plantes peuvent être multipliées par voie végétative, par exemple par bouturage de pousses terminales ou de racines. Choisissez comme plante-mère une plante saine et florifère. On appelle plante-mère celle sur laquelle on prélève le matériel utilisé pour la multiplication. Si cette plante est malade ou infestée de parasites, la bouture ou marcotte a toutes les chances d'être contaminée. La réussite de la multiplication sera donc compromise, tout comme la survie de la plante si la multiplication réussit, car certaines maladies, des viroses par exemple, ne se manifestent qu'avec retard.

Toutes les plantes d'une même espèce ne sont pas aussi florifères ou ne portent pas autant de fruits. On observe parfois des différences considérables entre individus. Les horticulteurs sélectionnent les meilleures plantes pour la multiplication et vous avez tout intérêt à en faire autant chez vous. Les qualités des plantes obtenues par semis sont imprévisibles, car elles abritent des informations génétiques issues des deux parents. Les surprises peuvent être aussi positives que négatives !

Essayez l'hybridation

L'hybridation mérite toujours d'être tentée ! Le hasard du croisement des gènes n'est alors plus laissé à la nature. On choisit deux plantes parentes, desquelles on espère une descendance intéressante, par la teinte ou la forme des fleurs par exemple. La manipulation est plus facile avec de grosses fleurs comme celles de l'hibiscus *(Hibiscus rosa-sinensis)*, du datura *(Brugmansia)* ou de la passiflore *(Passiflora)*.

Commencez par choisir la plante (P 1) qui portera les graines après fécondation et sa partenaire (P 2) qui fournira le pollen. Pour éviter toute pollinisation extérieure indésirable, les fleurs de P 1 doivent être protégées, sous plastique, pendant leur épanouissement. Le plastique est enlevé juste le temps d'effectuer la pollinisation. Le moment idéal pour cela est celui où les anthères de la fleur P 2 s'ouvrent pour libérer le pollen, généralement jaune. Saisissez les étamines avec une petite pince et coupez-les délicatement avec des ciseaux. Tapotez ensuite le pollen sur les stigmates de la fleur P 1, puis recouvrez aussitôt celle-ci de

Si vous souhaitez créer votre propre variété d'hibiscus (Hibiscus rosa-sinensis), *prélevez sur une fleur le faisceau central d'étamines avec le pollen* ***(en haut)****. Tapotez délicatement les étamines sur le pistil de l'autre fleur sélectionnée* ***(au centre)****. Protégez ensuite la fleur pollinisée par un sachet plastique transparent pour éviter tout autre apport de pollen* ***(en bas)****.*

plastique. Si la pollinisation est effective, des graines vont se développer. Après semis et germination, vous ferez votre propre sélection des plants obtenus !

Le greffage des plantes de balcon ou terrasse

Si vous semez pépins ou noyaux d'arbres fruitiers tels que les agrumes *(Citrus)*, l'olivier *(Olea)* ou le néflier du Japon *(Eriobotrya)*, il vous faudra attendre longtemps, souvent 7 à 10 ans, la première récolte. Avec le semis, la qualité des fruits comme le rendement sont aléatoires, les graines étant issues d'individus aux qualités variables. Votre jeune arbre peut fleurir et fructifier en abondance, mais il arrive également qu'il donne des fruits petits et fades. Pour d'autres espèces fruitières comme le goyavier de Montévidéo *(Acca sellowiana)*, l'asiminier *(Asiminia triloba)* ou l'olivier *(Olea)*, les sujets stériles sont nombreux ou bien ne peuvent être pollinisés que par certains arbres. Chez les variétés autofertiles par contre, il suffit d'une seule plante pour qu'il y ait formation de graines.

Pour ces raisons, on préfère souvent le greffage au semis, pour les espèces fruitières cultivées en bac comme en verger. Il s'agit alors de commencer par élever le porte-greffe, qui constituera les racines et une partie du tronc de l'arbre greffé. Le porte-greffe est sélectionné pour sa robustesse et ses qualités de croissance.

Ainsi par exemple pour les agrumes, on utilise comme porte-greffe l'espèce *Poncirus trifoliata*, l'oranger amer *(Citrus aurantium)* ou encore *Citrus volkmeriana*, choisis pour leur résistance aux maladies et au froid. Les néfliers du Japon sont souvent greffés sur cognassier *(Cydonia)*, les oliviers sur l'olivier sauvage *(Olea oleaster)*. Le greffon ou écusson est ensuite inséré sur le porte-greffe. Le greffon est constitué d'un rameau ou d'un bourgeon (œil) de la variété souhaitée. Lorsque c'est un bourgeon qui est greffé, le greffage prend le nom d'écussonnage.

Différentes techniques visent à mettre en contact les tissus du greffon et du porte-greffe, sous l'écorce du porte-greffe. Pour la réussite de la greffe, et donc la fusion des tissus, il est nécessaire que les cambiums des deux partenaires, assises de cellules régénératrices, soient le plus en contact possible. La partie supérieure du porte-greffe est ensuite supprimée et remplacée par la croissance du greffon qui va donner la nouvelle couronne de la plante.

Le matériel nécessaire à la multiplication

Il est important de bien choisir godets, terreaux et emplacement pour la réussite de la multiplication de vos plantes exotiques.

1 POTS ET GODETS POUR LA MULTIPLICATION

Certains clichés ont la vie dure. Ainsi nombre de jardiniers sont persuadés que les pots en terre cuite sont préférables pour les plantes. Ces petits pots en terre présentent cependant des inconvénients qui peuvent compromettre la réussite de vos semis ou boutures. Les parois poreuses absorbent de l'eau et la restituent éventuellement au bout d'un certain temps, aussi le dosage de l'eau d'arrosage n'est-il pas facile. En cas d'ensoleillement direct, les mêmes parois perdent de l'eau par évaporation, ce qui a pour conséquence d'assécher le terreau. Cette évaporation entraîne également une baisse de température au niveau du terreau et donc des racines, ce qui peut être néfaste en saison froide.

Toutes ces raisons ont conduit au fait que l'on ne trouve pour ainsi dire plus de godets en terre cuite chez les horticulteurs. Ils ont été remplacés par les godets en plastique, qui assurent une humidité régulière du terreau, sont légers, plus faciles à nettoyer, donc à réutiliser.

Faire ses propres semis est une bonne mesure d'économie, mais aussi tout simplement un grand plaisir.

> **ASTUCE**
>
> Les godets en tourbe ou fibre de coco, comme les minimottes de tourbe compressée, sont très pratiques car ils permettent de repiquer les plants avec le godet qui se dégrade progressivement. Ils sont particulièrement précieux pour les jeunes plantes aux racines fragiles, qui supportent mal le repiquage.

Les plaques alvéolées sont particulièrement pratiques pour la multiplication et prennent peu de place. Selon la taille des alvéoles, elles permettent d'obtenir jusqu'à 100 plants sur une surface de 50 x 30 cm. Les petites mottes sont ensuite très faciles à extraire et rempoter.

2 DISPOSITIFS DE COUVERTURE

Lorsque vous choisissez les contenants pour la multiplication, ne perdez pas de vue qu'il est bon de pouvoir les couvrir. Les boutures, comme les jeunes plants aux feuilles fragiles, gagnent à être placés dans une atmosphère chaude et humide. Vous pouvez créer une miniserre de fortune en couvrant les pots, godets ou terrines de plastique transparent, d'un bocal ou vase en verre transparent retourné, d'un petit aquarium. Évitez d'utiliser des sachets en plastique, car des algues se développent facilement dans leurs replis et qu'il est difficile d'apporter une aération correcte.

3 AUTRES CONTENANTS POSSIBLES

Vous pouvez aussi utiliser comme godets des pots de yaourt, des boîtes à œufs ou encore des barquettes en plastique (de fruits). Percez au besoin des trous de drainage dans les récipients en plastique. Les parois de ces contenants doivent être assez robustes pour éviter les vides entre terreau et parois, qui rendent l'arrosage plus difficile, l'eau s'échappant par ces vides sans pénétrer le terreau. Malgré l'humidité permanente, les godets en carton doivent résister le temps que les jeunes plants puissent être repiqués. Placez-les au besoin dans des coupes en plastique pour éviter que le carton ne s'affaisse trop vite.

4 LES OUTILS SPÉCIFIQUES

N'utilisez pour prélever les boutures ou greffons qu'un couteau ou des ciseaux bien aiguisés, pour ne pas écraser les tissus qui auraient ensuite du mal à s'enraciner. Veillez à ce que les lames soient propres, non collantes de la sève d'une plante précédente car la sève peut être le vecteur de maladies. Nettoyez couteau ou ciseaux avec du liquide vaisselle. Il est même conseillé de désinfecter les lames pour le greffage ou la multiplication d'espèces très fragiles. De même, nettoyez bien les godets ou terrines déjà utilisés.

Le semis, multiplication sexuée

Le semis n'est pas un mode de multiplication végétative et ne permet donc pas d'obtenir des plantes qui soient la copie exacte de la plante-mère. L'implication de deux individus dans la fécondation et la formation des graines entraîne bien sûr un mélange des gènes de chacun. Il peut donc en résulter de nouvelles variétés, ce qui fait tout l'intérêt de ce mode de multiplication. Sélectionnez ainsi une fantaisie de la nature et vous pourrez peut-être faire inscrire une nouvelle variété sous votre nom ou un nom de votre choix !

1 La préparation des graines

Avant de semer, il convient de bien préparer les graines. Celles à tégument dur gagnent à être légèrement scarifiées avec une lime pour faciliter la germination. Ne fendez pas pour autant complètement le tégument ! Si les graines sont trop fines à manipuler individuellement, frottez-les entre deux épaisseurs de papier de verre, toujours pour « user » le tégument.

Il est bon de faire tremper avant le semis les graines à tégument lisse de plus de 2-3 mm de diamètre. Faites-les tremper 6 à 12 heures dans une bouteille thermos qui ne sert plus, remplie d'eau à 30-35 °C. Comme de nombreuses graines sont toxiques, réservez de vieux récipients au trempage. Si par ailleurs vous faites tremper les graines dans un bol, l'eau y refroidit trop vite et l'efficacité est moindre. Après le trempage durant lequel les graines ont absorbé de l'eau, il faut les semer aussitôt, sans quoi c'est tout le processus de germination que vous mettriez en péril. Le trempage est au contraire déconseillé pour les graines fines, car elles s'agglutinent et sont ensuite difficiles à semer uniformément. Mieux vaut au besoin les mélanger à du sable sec puis humidifier le tout, et procéder au semis du mélange sable et graines le lendemain. Le sable clair permet de mieux visualiser sur le terreau foncé ce qui a déjà été semé et de mieux répartir les graines.

Ci-contre : *Pour faciliter le semis des graines qui se collent les unes aux autres, commencez par les mettre dans un sac rempli d'eau.*

Ci-dessous : *Nettoyez soigneusement les graines avant de les conserver dans des récipients étanches (par exemple des étuis de pellicules photo) dans le réfrigérateur.*

② LE SEMIS PROPREMENT DIT

Il commence par le remplissage des plateaux alvéolés ou terrines avec un terreau de semis stérile. Tassez le terreau avec le bout des doigts, le plat de la main ou une planchette pour éliminer les poches d'air. Essayez ensuite de répartir les graines de façon aussi uniforme que possible en surface des récipients. Placez les grosses graines une à une à la distance voulue. Couvrez ensuite les graines d'une fine couche de terreau. La règle veut qu'on couvre les graines d'une épaisseur de terre équivalente au diamètre des graines. Si les graines sont enfoncées trop profondément, leurs réserves nutritives ne leur permettent pas d'atteindre la lumière et elles ne germent pas. Si au contraire le semis est trop superficiel, les graines risquent d'être bousculées lors de l'arrosage et sèchent plus vite. La germination peut également être stoppée.

③ LES SOINS AUX SEMIS

Pour éviter de bousculer ou d'entraîner les graines, il est préférable d'humidifier le terreau avec un vaporisateur plutôt que d'arroser avec un arrosoir au jet toujours trop puissant. Étiquetez soigneusement terrines et plateaux de semis. Une étiquette détaillée précisant le nombre ou la quantité de graines semées vous permettra d'évaluer le pourcentage de réussite du semis. Couvrez ensuite les semis de plastique ou verre transparent, de façon à maintenir autour des graines une atmosphère humide (80 à 100 % d'humidité de l'air) et chaude (minimum 18 °C). Si vous faites des semis en fin d'hiver, il est bon de placer les terrines sur un matelas ou une résistance chauffante équipé d'un thermostat (comme ceux utilisés pour les miniserres ou les aquariums). Si la luminosité est faible dans la pièce, il est bon de prévoir un éclairage complémentaire « spécial plantes », pour éviter l'étiolement des jeunes plants lorsqu'ils entrent en croissance. Placez vos terrines de semis en situation très lumineuse, mais hors de portée du soleil direct. La plupart des plantes en bac étant des végétaux ligneux, les graines déploient d'abord deux cotylédons, généralement très différents des feuilles caractéristiques de l'espèce. Ce n'est que lorsque le plant possède une paire de « vraies » feuilles qu'il peut être repiqué individuellement dans un godet. Si les plants sont déjà grands à ce stade, placez un fin tuteur en bambou à côté de la jeune plante pour assurer une croissance bien verticale. Ce tuteurage est surtout important pour les arbres ou les arbustes formés sur tige, pour lesquels on souhaite une tige principale bien droite.

CONSEIL

Faites preuve de patience avec vos semis. Si certaines espèces germent au bout d'une semaine à peine, d'autres – comme les palmiers – demandent plus de deux ans pour se développer ! Si vous videz précocement les terrines de semis par lassitude, vous éliminez toute chance de réussite, aussi tardive soit-elle, de vos semis… Alors patience !

La multiplication végétative

Les plantes ont la capacité d'émettre des racines au niveau de blessures, si celles-ci sont couvertes de terre. L'enracinement n'est généralement possible qu'aux emplacements des nœuds, c'est-à-dire aux points d'insertion des feuilles ou ramifications sur les tiges.

1 LES BOUTURES

L'extrémité des tiges est la partie des plantes la plus facile à multiplier, car elle est pour ainsi dire programmée pour la croissance. Chez de nombreuses espèces, on peut utiliser soit des boutures terminales, soit des boutures de tronçons de tige. Toutes les boutures doivent être prélevées sur des tiges vigoureuses, mais non encore lignifiées. Juin et juillet sont de ce fait les mois les plus indiqués pour ce type de bouturage. Chaque portion de tige doit porter 4 à 8 feuilles ou avoir une longueur de 8 à 15 cm. Ces mesures augmentent pour les espèces à grandes feuilles et entre-nœuds longs, tandis que les boutures d'espèces à petites feuilles peuvent être plus courtes. Supprimez les feuilles inférieures, à peu près jusqu'à mi-hauteur de la bouture, pour dégager les nœuds qui s'enracineront. Selon la taille des feuilles, une bouture porte donc 2 à 6 feuilles. Si la bouture a de très grandes feuilles, mieux vaut les recouper de moitié avec un couteau aiguisé.

Le but est de laisser à la bouture une surface foliaire suffisante pour permettre la réalisation de la photosynthèse nécessaire à la croissance, mais aussi d'éviter des pertes d'eau excessives par évaporation, tant que les racines ne sont pas capables de compenser ces pertes d'eau par l'absorption dans le terreau. Recoupez ensuite la base de la bouture environ 5 mm sous un nœud ou point d'insertion d'une feuille. Préparez des trous verticaux dans les godets ou terrines remplis de terreau pour semis et bouturage,

Préparez les trous avec un bâtonnet ou un fin plantoir, puis enfoncez-y les boutures jusqu'à mi-hauteur environ.

Les graminées et vivaces peuvent être multipliées par tronçons de racines que l'on prélève sur la motte.

Posées à l'horizontale dans une terrine et couvertes de terreau, les pousses de bambous s'enracinent rapidement.

à l'aide d'un plantoir fin (un bâtonnet conique et arrondi au bout). Glissez les boutures dans les trous, de telle sorte que deux à trois nœuds se trouvent enterrés, ce qui correspond à environ la moitié de la longueur de la bouture. Tassez le terreau du bout des doigts pour que la bouture soit bien maintenue. Il est généralement préférable d'utiliser un godet ou une alvéole par bouture plutôt que de les grouper, car s'il faut les séparer, il y a plus de risques de briser les fines racines et donc de compromettre la reprise. Si vous les groupez cependant dans une terrine, veillez à les espacer suffisamment, de telle sorte que les feuilles ne se touchent pas. Procédez ensuite à un bon arrosage des boutures, puis couvrez-les de verre ou de plastique transparent. Gardez les boutures en situation lumineuse, mais sans soleil direct. Maintenez le terreau légèrement humide, sans excès, durant les semaines qui suivent. Aérez deux à trois fois par jour pendant quelques minutes, pour assurer un bon renouvellement d'air et limiter les risques de maladies cryptogamiques. N'aérez pas trop longtemps, ce qui pourrait faire sécher les boutures. Dès que se manifestent des signes de reprise de la croissance à l'extrémité des boutures, c'est qu'elles sont enracinées. Vérifiez l'enracinement, enlevez la couverture des godets, mais poursuivez des vaporisations d'eau régulières pour que les toutes jeunes feuilles ne souffrent pas de la sécheresse.

Dès que les godets sont colonisés par les racines, rempotez les boutures dans des pots un peu plus grands et poursuivez la culture. Il est conseillé à ce stade de pincer (couper entre les doigts) la tige à mi-hauteur environ, pour stimuler la ramification.

ASTUCE

Certaines espèces telles que le laurier-rose *(Oleander)*, le datura *(Brugmansia)* et le cestrum *(Cestrum)* peuvent même s'enraciner dans un verre d'eau si vous changez régulièrement l'eau. Pour d'autres espèces, les tiges finissent par pourrir au contact de l'eau, aussi est-il est préférable de les bouturer dans du terreau.

2 Les boutures de racines

Les espèces qui forment des rejets, par exemple les bambous, sont faciles à multiplier par tronçons de racines. Pour cela, dégagez en mars, avant l'entrée en croissance, quelques beaux morceaux de racines, d'au moins 5 mm d'épaisseur. Découpez ces racines en tronçons de 5 à 8 cm de long, portant chacun au moins deux yeux. Les yeux sont les épaississements qui donnent naissance à de nouvelles racines ou pousses. Placez ensuite ces tronçons, soit à l'horizontale dans une terrine de semis en les couvrant d'1 cm de terreau, soit à la verticale dans des trous préparés au plantoir, en godets individuels. L'extrémité supérieure du tronçon doit dans ce cas affleurer en surface du terreau, sans dépasser. Il est important de respecter l'orientation des tronçons lorsqu'ils sont piqués à la verticale : l'extrémité supérieure dans le godet doit être celle qui était la plus proche des tiges de la plante-mère. Le plus simple consiste à repérer les tronçons lorsque vous les prélevez, en coupant la base en biseau, l'extrémité supérieure droite. Les boutures de racines n'ont pas besoin d'être couvertes et sont moins exigeantes en chaleur que les boutures de tiges. Il leur faut par contre un peu plus de temps pour entrer en croissance. Comptez deux à trois mois jusqu'à l'apparition des premières pousses. Vous pouvez généralement attendre l'automne pour les rempoter individuellement.

3 Les marcottes

Les plantes grimpantes sont généralement faciles à marcotter. Cette technique consiste à recourber une tige jusqu'au sol et à la faire raciner à 30 à 50 cm de son extrémité, tant qu'elle est encore rattachée, et donc alimentée par la plante-mère. Grâce à ce « cordon ombilical », les chances de réussite sont très élevées. Les grimpantes qui se prêtent le mieux à ce mode de multiplication sont celles à tiges souples, comme les jasmins *(Jasminum)*, pandoréas *(Pandorea)* ou técomarias *(Tecomaria)*. Mieux vaut multiplier par bouturage (voir pages 71 et suivantes) les grimpantes à tiges plus rigides, comme les bougainvillées *(Bougainvillea)*, les solandras *(Solandra)* ou les podranéas *(Podranea)*. Pour favoriser la formation de racines au niveau de la marcotte enterrée, on entaille légèrement la tige avec un couteau tranchant et propre, là où elle sera en contact avec le sol. L'entaille ne doit pas dépasser la moitié

Les tiges des plantes grimpantes, comme ici une clématite (Clematis) *sont faciles à marcotter en enfonçant en terre la portion de tige entaillée.*

de l'épaisseur de la tige. Les racines se forment plus rapidement sur une tige entaillée que non entaillée. De petits arceaux métalliques enfoncés dans les godets des marcottes permettent de bien maintenir en place les tiges ployées jusqu'au sol ou au pot, une position qui n'est pas naturelle. Vous pouvez utiliser à cet effet de simples trombones de bureau dépliés. La portion entaillée doit être couverte de 2 à 3 cm de terreau. Orientez la partie supérieure de la tige à la verticale à l'aide d'un tuteur en bambou pour qu'elle ne sèche pas.

4 La division

La multiplication par division est la technique la plus simple et la plus efficace pour multiplier nombre de plantes vivaces plantées en pot ou bac. C'est le cas de l'agapanthe *(Agapanthus)*, de la plante-kangourou *(Anigozanthos)*, de l'hédychium *(Hedychium)*, des oiseaux-de-paradis *(Strelitzia)* et de toutes les espèces de graminées, y compris les bambous et papyrus *(Cyperus papyrus)*. L'opération consiste à dépoter la plante et à diviser la motte de racines en deux ou plusieurs parties, avec un couteau, une scie ou deux fourches adossées. Essayez d'abîmer les feuilles le moins possible, de couper proprement les grosses racines. Désinfectez les coupes importantes avec de la poudre de charbon de bois. Rabattez les racines abîmées jusqu'aux tissus sains et éliminez les tiges ou portions de tiges trop âgées. Rempotez ensuite chaque éclat de touffe conservé dans un pot.

5 Les boutures ligneuses

Les espèces fruitières comme le figuier *(Ficus carica)*, le mûrier *(Morus)* ou le kiwi *(Actinidia)* se prêtent bien à la multiplication par boutures ligneuses. Cette technique consiste à couper en automne, dès que les plantes sont en repos végétatif, des tiges vigoureuses âgées d'un an ou deux et à les recouper en tronçons de 20 à 30 cm de long, portant 6 à 8 yeux ou bourgeons. Repérez l'extrémité supérieure de la bouture par une coupe droite, l'inférieure par une coupe en biseau. Conservez ces boutures jusqu'en hiver, liées en fagots, dans des caisses de sable humide, dans un local hors gel, à moins de 10 °C. En février, repiquez les boutures dans des godets en terre cuite, en les enterrant de moitié et en respectant le sens de la croissance, puis gardez-les à 10-15 °C. Après les dernières gelées, sortez ces boutures qui vont s'enraciner pendant l'été. Au printemps suivant, elles pourront être rempotées dans des pots plus grands.

6 Le marcottage aérien

Cette méthode demande de la patience mais convient bien à certains arbustes. La technique consiste à entailler sur une profondeur de 2-3 mm une tige ou ramification vigoureuse, à environ 50 cm sous son extrémité. Glissez dans l'entaille une allumette ou un fin gravier pour éviter que la blessure ne se referme. Préparez ensuite un manchon de plastique qui sera rempli de mousse humide et fermé en dessous et au-dessus de l'entaille. Si vous veillez à maintenir la mousse humide les semaines suivantes, des racines se forment au niveau de l'entaille. La tige peut ensuite être coupée sous les racines et la nouvelle plante ainsi rempotée individuellement. La base de la tige ou du rameau demeurant sur la plante-mère se ramifie à son tour.

LE MARCOTTAGE

Pour préparer la marcotte aérienne, entaillez la tige sur environ le tiers de son épaisseur, avec une lame propre.

Fixez un manchon de plastique transparent en dessous de l'entaille, là où vont ensuite se développer les racines.

Remplissez le manchon de mousse humide (récupérée par exemple quand vous scarifiez le gazon).

Refermez le manchon au-dessus de l'entaille. La mousse doit demeurer bien humide, par des vaporisations d'eau aussi fréquentes que nécessaire.

Des plantes en bonne santé

Il faut vous avouer quelque chose de contrariant : il n'existe pas de jardin en pots, sur la terrasse ou dans la véranda, sans parasites. Là où poussent des plantes apparaissent d'inévitables profiteurs qui viennent se délecter de la luxuriance des feuillages ! Cette vérité vaut d'autant plus pour les jardins d'hiver et vérandas, car les parasites y trouvent des conditions de vie idéales, à l'abri des intempéries, de la pluie et du vent.

Comment éviter les parasites et les maladies ?

Il en va de la vitalité des plantes comme de la santé des humains : mieux vaut prévenir que guérir. Moins vous laisserez de parasites s'installer sur vos plantes, prêts à en contaminer d'autres, moins vos plantes seront affaiblies.

1 Bien choisir les plantes pour un emplacement donné

C'est bien souvent dès la phase du choix des espèces que se décide l'avenir de votre jardin en pots, selon les cas facile à entretenir, ou bien synonyme de lutte permanente contre les parasites et autres problèmes. Plus les conditions d'environnement telles

Sortez sans attendre les plantes malades avant que leurs voisines ne soient contaminées, puis envisagez un traitement avec un produit approprié.

Certains parasites sont si petits qu'ils sont invisibles à l'œil nu. Prenez une loupe pour inspecter les feuilles !

que lumière, température et espace conviennent aux plantes, plus celles-ci y seront robustes. Et plus vos plantes sont robustes, mieux elles sont capables de se défendre contre les maladies ou parasites. Nous-mêmes sommes moins sensibles aux infections lorsque nous sommes en bonne santé. Si au contraire nos muqueuses respiratoires sont soumises à un stress permanent, dans une atmosphère trop sèche par exemple, nous sommes plus sujets aux rhumes.

Les plantes se comportent de la même façon. Si les feuilles manquent de lumière, si l'air est trop sec ou trop chaud, les parasites ont beau jeu.

C'est pourquoi il est important de se renseigner avant tout achat des besoins des différentes espèces en matière d'emplacement. Si votre terrasse est exposée plein sud, on vous conseillera des plantes méditerranéennes avides de soleil. Sur un balcon ombragé, plus frais en été, c'est parmi les plantes natives des forêts qu'il faudra choisir. De nombreuses espèces australiennes et sud-africaines comptent parmi les plantes avides de lumière. L'origine des plantes constitue un premier indice quant à leurs besoins.

2 Renforcer les défenses naturelles

Une fois les plantes bien choisies, des soins attentifs et appropriés sont le garant des défenses naturelles de vos plantes. Si par exemple une plante souffre de carences en éléments nutritifs, elle sera plus facilement la proie des parasites. Il en va de même pour les plantes qui reçoivent trop d'engrais, car leurs feuilles sont si riches en sève que les parasites en sont très friands ! Évitez également les variations d'humidité, qui peuvent causer un stress important aux plantes. Il faut donc veiller en été à conserver une humidité modérée et constante du terreau, mais aussi maintenir une certaine humidité de l'air. Sous serre, installez un hygromètre pour mesurer l'humidité de l'air et bassiner les feuillages et allées quand nécessaire. Dehors, prévoir également un hygromètre, assez peu coûteux, peut être précieux pour comprendre pourquoi vos plantes sont certaines années particulièrement sujettes aux attaques de parasites : ce sont généralement les étés très chauds et secs !

3 Éviter d'attirer les parasites

Tout jardinier qui suit ses plantes de près peut constater que les plantes les plus vigoureuses sont bien souvent celles les plus attaquées par les parasites ; comme si les insectes devinaient qu'il y a là une sève particulièrement riche en éléments nutritifs ! Bien souvent, ce sont justement ces plantes à la floraison renouvelée tout l'été, très appréciées des jardiniers et donc vendues en grand nombre, qui se révèlent de véritables aimants à parasites. Il n'en faut pas plus pour que des néophytes soient convaincus que la culture des plantes en bac est délicate et source de bien des ennuis ! Parmi les exemples typiques qui nuisent à l'image des plantes en bac figurent les plantes de la famille des Solanacées, qui compte des espèces très populaires comme les cestrums *(Cestrum)*, daturas *(Brugmansia)* ou solanums *(Lycianthes rantonnettii)*. Ces arbustes fleurissent certes en abondance, mais sont toujours envahis de mouches blanches, pucerons ou escargots qui se régalent de leurs feuilles. Si vous êtes de ceux qui rêvent d'un jardin en pots sans souci, donc avec le moins de parasites possible, recherchez plutôt des espèces à croissance et floraison plus modérées. Elles vous donneront à la longue plus de satisfaction !

4 Plus d'espace et moins de soucis

S'ils sont généralement petits, les parasites n'en sont pas moins étonnamment mobiles, capables de passer sans peine d'une plante à une autre. Plus les plantes sont proches, plus le passage est bien sûr facile pour les parasites. De ce fait, les dégâts des attaques de parasites ou maladies sont souvent bien pires lorsque les plantes sont serrées les unes contre les autres, ou bien la densité de plantes importante, que lorsque les couronnes ne se touchent pas. La raison en est que la densité des feuillages retient plus longtemps l'humidité, ce qui constitue des conditions idéales pour la propagation des spores de champignons pathogènes. Pensez à limiter le nombre de vos plantes, ou bien à les tailler régulièrement pour éviter que les feuillages ne se touchent ou ne s'entremêlent (par exemple dans le cas des plantes grimpantes). Qui plus est, vous aurez plus de facilité à intervenir pour la lutte contre les maladies ou les parasites, car les feuillages très denses sont plus difficiles à traiter efficacement.

Insectes parasites, escargots et compagnie

Les cellules des feuilles contiennent de la sève très énergétique, enrichie en sucres grâce à la photosynthèse. Pour atteindre ce liquide très nourrissant, nombre d'insectes parasites piquent l'épiderme de la feuille pour sucer la sève. Les plantes en sont doublement affaiblies. D'une part les parasites prélèvent des substances énergétiques qui font défaut à la plante, d'autre part les piqûres constituent des portes d'entrée pour les bactéries ou les virus (voir page 84).

1 Les pucerons et leurs camarades

Si on les connaît surtout sous leur forme verte, les pucerons existent également sous forme d'espèces de teinte noire, brune ou

Les pucerons figurent au menu quotidien des coccinelles et de leurs larves, une bonne raison de favoriser la présence de ces insectes utiles.

Les pucerons s'agglutinent surtout sur les jeunes feuilles et pousses, où ils sont assez faciles à repérer et à éliminer.

jaunâtre. Deux caractéristiques expliquent leur succès dans l'exploitation de nouvelles sources de nourriture. Ils volent, se multiplient de façon asexuée – ce qui signifie qu'ils n'ont pas besoin d'un partenaire – et sont vivipares, ce qui permet un développement très rapide des générations successives. Des calculs théoriques établissent qu'un unique puceron peut donner, dans l'intervalle d'une année, une descendance de 17 quintillions, un nombre avec 30 zéros ! Avec l'écoulement de sève issu des ponctuations des feuilles, les pucerons sont responsables de l'enduit collant qui apparaît sur les sols et les feuillages dans le cas d'une attaque. Sur cet enduit se développe ensuite un champignon microscopique, la fumagine, fine moisissure noirâtre. Suite à une attaque de pucerons, il n'est pas rare que les feuilles soient rabougries. Elles sont tordues ou leurs bords irréguliers. Mais ce n'est pas tout, car les pucerons trouvent dans les fourmis des alliées de poids. Celles-ci, en effet, protègent les pucerons et prélèvent en retour le miellat sucré qu'ils sécrètent.

• Mesures de lutte

Comme les pucerons colonisent de préférence l'extrémité des pousses et les jeunes feuilles, là où les tissus sont particulièrement riches en substances énergétiques, il est possible de réduire drastiquement leurs populations tout simplement en coupant les pousses atteintes sur les plantes en pot et bac. Évitez de secouer les pousses coupées : les pucerons se laissent facilement tomber au sol et retrouvent rapidement le chemin des jeunes pousses !

Vous pouvez en déloger d'autres avec un jet d'eau. Déplacez (si possible !) les pots et bacs sur la pelouse ou dans la cour, et dirigez un jet d'eau puissant sur les feuillages. Dans

Les cochenilles à bouclier se nourrissent surtout à la face inférieure des feuilles, le long des nervures où circule la sève.

Un produit « maison », bon marché, solution de savon noir et d'alcool à brûler, a fait ses preuves pour lutter contre tous les types de pucerons.

les jardins, les oiseaux et les insectes utiles – par exemple les larves de chrysopes ou les coccinelles –, vous aideront efficacement en dévorant quantité de pucerons. Pour que ces précieux auxiliaires visitent le plus possible votre jardin en pots, il est bon de prévoir à proximité des refuges des sources de nourritures complémentaires. Sous serre, vous pouvez aussi introduire coccinelles et larves pour contrer les pucerons.

Pour éliminer les fourmis, il faut faire tremper les plus petites plantes dans un seau d'eau durant 6 à 12 heures, de façon à les noyer. Pour éviter que de nouvelles fourmis n'aillent envahir les tiges, empêchez-les de grimper en posant autour des pots des colliers de glu, comme on en utilise au verger sur les troncs. Fixez les colliers de glu avec de la ficelle. Les fourmis restent piégées sur la couche de glu.

2 COCHENILLES ET COMPAGNIE

Le vaste groupe des cochenilles comprend notamment les cochenilles farineuses, les cochenilles à bouclier, les cochenilles des racines et bien d'autres. Elles ont en commun de posséder une enveloppe protectrice sous laquelle elles se dissimulent. Dans le cas des cochenilles à bouclier, c'est un bouclier ovale qui est plaqué contre les feuilles ou rameaux. Les cochenilles farineuses s'entourent d'un feutrage blanc constitué de fibres. Les cochenilles australiennes ont une enveloppe blanche en forme de goutte, frangée.

Si les cochenilles farineuses et pulvinaires sont assez faciles à repérer par leur teinte claire sur le vert des feuilles, les cochenilles à carapace passent plus facilement inaperçues, d'autant plus qu'elles colonisent surtout la face inférieure des feuilles, l'écorce des rameaux et des tiges. Mais même si vous n'identifiez pas tout de suite les coche-

Les cochenilles farineuses, couvertes d'un enduit cotonneux, sont faciles à repérer au revers des feuilles.

L'élimination manuelle des parasites par un nettoyage soigneux des feuilles avec une éponge rugueuse, est astreignante mais très efficace.

nilles, des symptômes trahissent leur présence. Comme les pucerons, elles laissent sur les feuilles situées en dessous un miellat sucré et collant, que vous ne manquerez pas de remarquer lorsque vous arrosez. Si vous examinez alors la plante, vous découvrirez à coup sûr les cochenilles !

• Mesures de lutte

Une façon, certes astreignante, mais très efficace, de lutter contre les cochenilles consiste à les éliminer manuellement avec une éponge un peu rugueuse ou une vieille brosse à dents. Comme cette technique permet rarement de supprimer absolument toutes les cochenilles et qu'il suffit de quelques parasites pour créer une nouvelle colonie, il est bon de compléter cette intervention par un traitement insecticide. Il ne reste plus ensuite que les carapaces vides, faciles à éliminer. Ce peut être un insecticide « maison » qui a fait ses preuves, à base de savon noir et alcool à brûler. Pour cela, mélanger une cuillerée à soupe de savon noir (non parfumé) et 10 à 20 ml d'alcool dans un litre d'eau. Pulvérisez cette solution sur toute la plante, en insistant sur le revers des feuilles. Il est bon de renouveler le traitement trois à sept jours plus tard, pour éliminer les dernières jeunes cochenilles encore mobiles.

3 ESCARGOTS ET LIMACES, CHENILLES ET CHARANÇONS

Qui cultive les daturas depuis longtemps sait que les limaces en sont aussi friandes que des laitues du maraîcher. Mais les feuilles de certaines plantes en bac font aussi les délices de chenilles de papillons ou des charançons. Les escargots sont faciles à identifier, non seulement par les feuilles dévorées de différentes façons, mais surtout par les traces de bave séchée, qui brillent dans la

Les chenilles découpent des échancrures au bord des feuilles ou des trous dans le limbe. Les escargots et limaces laissent des traces de bave argentée.

lumière. Les chenilles quant à elles s'attaquent généralement aux feuilles avec méthode, des bords jusqu'aux nervures. Certaines espèces s'enroulent dans les feuilles pour se nymphoser.

Du fait que les plantes cultivées en bac sur la terrasse ou dans la véranda viennent du monde entier, parfois directement importées de leur pays d'origine, de nouvelles espèces de chenilles et de coléoptères sont sans cesse introduites également, souvent difficiles à identifier. Les charançons sont des coléoptères noirs à corps hémisphérique et au rostre caractéristique, très pointu. Ils se nourrissent en découpant de petites encoches au bord des feuilles, celles-ci paraissant presque dentées.

• Mesures de lutte

Comme tous ces ravageurs sont de taille relativement grande, la meilleure méthode pour s'en débarrasser consiste à les collecter manuellement. Portez des gants et mettez-vous en chasse surtout au crépuscule. Si vous avez des poissons, voire des reptiles, ces chenilles et coléoptères pourront remplacer leur nourriture. Si vous n'avez pas cette possibilité « naturelle », il existe plusieurs façons de vous débarrasser de ces parasites, mesure peu agréable mais nécessaire !

Pour tuer les escargots, on peut les asperger d'eau bouillante, ou bien de sel, ou encore les couper avec des ciseaux. Vous pouvez aussi lutter contre les escargots et les charançons grâce à des nématodes parasites spécifiques, commercialisés par divers fournisseurs pour le jardinage biologique. Ces vers microscopiques sont ajoutés à l'eau d'arrosage et donc introduits dans le terreau des bacs. Ils vont parasiter les escargots ou charançons qui deviennent leur source de nourriture.

À titre préventif contre les escargots et limaces dans le jardin en pots, vous pouvez aussi épandre des granulés antilimaces en surface des pots. Ces appâts empoisonnés à base de métaldéhyde sont proposés par de nombreuses marques de produits phytosanitaires. Pour empêcher les chenilles de grimper le long des « troncs » ou tiges des grandes plantes en bac, posez des colliers englués. Enfin, il existe contre les chenilles un insecticide biologique spécifique qui contient une bactérie *(Bacillus thuringiensis)* qui parasite et détruit les chenilles, ou encore des insecticides chimiques classiques.

ARAIGNÉES ROUGES ET AUTRES ACARIENS

Ces minuscules animaux ne sont pas des insectes mais des acariens, comme les araignées. Ils comptent parmi les plus redoutables et les plus opiniâtres des ennemis des plantes en pots et bacs. On remarque moins les petites araignées blanchâtres que les fines toiles qu'elles tissent à l'aisselle des feuilles ou encore tendent en travers du limbe dans le cas de certaines feuilles arquées. En fin d'hiver, les araignées se teintent de rouge, d'où le nom d'araignées rouges sous lequel on les désigne fréquemment. Le plus embêtant chez ce parasite incontournable est son taux de multiplication effréné. Si vous ne repérez pas à temps ces petits envahisseurs, ils sont capables en à peine plus d'une semaine de coloniser toute la plante, parfois de la défolier. Ces parasites en effet sucent également la sève et vident donc les cellules des feuilles. Les feuilles attaquées prennent un aspect ponctué.

À gauche, une feuille de laurier-rose « ponctuée » et rabougrie, due à une attaque d'araignées rouges, à droite, une feuille saine.

CONSEIL

Vérifiez lorsque vous choisissez un produit de traitement qu'il porte bien la mention « contre les acariens » ou « contre les araignées rouges ». Les produits annonçant « contre les insectes suceurs » n'ont souvent aucune efficacité, ou du moins très faible, contre les acariens, qui ne sont pas des insectes. Les produits contre les acariens sont des acaricides et non des insecticides.

Les acariens se multiplient surtout en été, par temps chaud et sec. Ils posent rarement problème en hiver, sauf pour les plantes hivernées dans une pièce chauffée, avec une humidité de l'air très faible, de moins de 40 %. Si vous repérez à partir de mai des feuilles pâles ou jaunies, à reflets argentés, surveillez les plantes de près. Une observation à la loupe permet de vérifier qu'il ne s'agit pas d'une décoloration uniforme, mais d'une multitude de petits points causés par ces acariens très mobiles.

• Mesures de lutte

Une fois les acariens identifiés, il n'y a pas d'autre solution qu'un traitement phytosanitaire approprié. Remèdes maison et actions mécaniques demeurent sans effet. Sous serre, il est possible d'introduire un acarien prédateur spécifique. Même la technique souvent proposée de « sauna pour plantes », qui consiste à vaporiser de l'eau sur le feuillage puis à couvrir la plante de plastique transparent pendant quelques jours, de façon à maintenir une humidité de l'air constante de 100 %, n'offre pas une fiabilité satisfaisante. Une humidité de l'air élevée freine certes la multiplication des acariens, mais ne décime pas pour autant les adultes existants. On peut aussi bien observer une nouvelle pullulation après un tel « sauna ». De même, le nettoyage des feuilles une à une, les acariens colonisant souvent la face inférieure des feuilles, ralentit l'envahissement mais ne le stoppe pas.

5 INDÉSIRABLES MOUCHES BLANCHES

La maîtrise de ces petites mouches ou aleurodes est à la fois très difficile et très simple. Le problème est que ces petits insectes s'envolent en nuées dès qu'ils sont dérangés. Si l'on veut effectuer un traitement avec un insecticide de contact, ils s'envolent bien souvent avant même d'être touchés, pour revenir tranquillement peu après. Qui plus est, les mouches blanches apprécient aussi bien les plantes en bac que celles d'intérieur ou certaines espèces potagères, ce qui fait que les attaques peuvent se répéter régulièrement.

• Mesures de lutte

L'avantage pratique est que les mouches blanches sont attirées par la couleur jaune. Suspendez des plaques jaunes engluées dans le feuillage des plantes régulièrement attaquées, comme les Solanacées, et les mouches viendront s'y coller. Renouvelez régulièrement ces pièges, car la glu perd de son efficacité avec le temps.

6 DES TRUCS CONTRE LES THRIPS

Ces petits insectes volants sont reconnaissables à leurs ailes marquées de rayures noires et blanches. Tout comme les mouches blanches, ils s'envolent facilement pour échapper aux traitements. Ils ne jouent cependant qu'un rôle secondaire parmi les parasites des plantes en bac de la terrasse.

Les mouches blanches envahissent de préférence les plantes à croissance vigoureuse et feuillage abondant, comme par exemple les Solanacées.

Les plaques jaunes engluées piègent les parasites volants comme les thrips ou les mouches blanches, et donnent une idée de l'importance de l'attaque.

Ils sont surtout problématiques sous abri, dans la maison ou la serre, et en particulier durant les mois d'hiver. Les dégâts observés sont proches de ceux causés par les acariens : les feuilles prennent un aspect ponctué. Comme ce sont des insectes volants, ils sont cependant plus faciles à repérer que les discrets acariens.

• Mesures de lutte

Comme les mouches blanches, les thrips sont facilement piégés sur des plaques engluées, qui peuvent être jaunes ou bleues, couleurs qui les attirent.

REMARQUE

Ne soyez pas tenté de rapporter des États-Unis par exemple un agrume dans vos bagages ; il pourrait vous en coûter une forte amende ! Afin de contrôler la provenance des plantes, les obtenteurs délivrent pour les plantes commercialisées dans l'union européenne des « passeports pour plantes » que l'on doit être en mesure de présenter à l'administration des douanes en cas de contrôle aux frontières (ces certificats concernent également les particuliers qui importent des plantes !).

Prévenir les maladies

Ce sont souvent les plus petits des organismes pathogènes qui causent le plus de dégâts. Ils agissent en effet en toute discrétion et pénètrent dans les plantes de façon toute aussi inaperçue.

1 BACTÉRIES ET VIRUS

Il suffit de minuscules plaies pour que ces organismes pénètrent dans les plantes. Ils sont en outre souvent transmis de la plante-mère par les boutures ou les graines. Qui plus est, il n'existe généralement aucun moyen de lutte. La seule possibilité de les éliminer consiste à couper aussitôt les parties atteintes. Pensez à désinfecter les lames du sécateur après chaque plante taillée, pour ne pas risquer de contaminer d'autres plantes. La seule solution efficace se limite malheureusement à l'élimination des plantes atteintes, qui seront remplacées par de jeunes plantes indemnes de parasites et maladies. Ne réutilisez jamais le terreau de plantes malades, ni les pots en terre cuite. Vous pouvez réutiliser les pots en plastique, sous réserve de les désinfecter soigneusement.

Les horticulteurs font souvent appel à la technique de culture de méristème pour obtenir des plantes indemnes de viroses. Cette technique consiste à réaliser en laboratoire des cultures de tissus végétaux indemnes de virus, sur des solutions nutritives adaptées et en conditions stériles.

Du fait des échanges commerciaux planétaires, les maladies à virus des plantes peuvent se propager très rapidement d'un continent à un autre, parfois avec des conséquences dramatiques comme c'est le cas pour les agrumes. C'est pourquoi il existe des réglementations sanitaires très restrictives concernant l'importation de végétaux.

Les spores de l'oïdium sont disséminées par le vent et s'installent de préférence sur les plantes sensibles, comme ici un sesbania (Sesbania punica).

2 Champignons pathogènes

On distingue chez les champignons espèces endogènes et exogènes, c'est-à-dire celles qui vivent dans les tissus des plantes ou bien sur les plantes, par exemple sur les feuilles. Ces dernières, comme la rouille, l'oïdium ou la pourriture grise, sont certes déplaisantes mais peuvent être combattues avec des fongicides appropriés, par exemple des produits à base de soufre ou de cuivre. Là encore, il est toujours préférable d'intervenir précocement, avant que le développement des champignons ne freine la réalisation de la photosynthèse à la surface des feuilles et donc ne limite les ressources en énergie de la plante.

D'autres champignons, comme les *Phytophthora*, se développent au contraire dans les vaisseaux conducteurs des plantes qu'ils obstruent. En conséquence, les tiges sèchent sans que vous ayez l'impression d'avoir commis une erreur de culture. Il est en général impossible de sauver la plante. À titre préventif, veillez à ce que le terreau ne demeure pas trop humide pendant longtemps, ce qui favorise la pénétration du champignon dans les tissus et sa dissémination dans la plante.

3 Les fongicides ou produits de traitement contre les champignons pathogènes

Une fois la maladie identifiée, au besoin avec l'aide du personnel de votre jardinerie, reste à choisir quel traitement envisager. Là encore, prenez conseil dans votre jardinerie. Préférez en règle générale les produits spécifiques et bien ciblés pour tel ou tel type de maladie aux produits dits « totaux » qui associent plusieurs matières actives, insecticide et fongicide. Inutile de vaporiser un insecticide, qui risque de détruire aussi les populations d'insectes utiles, si vous cherchez à lutter contre l'oïdium de vos plantes du balcon !

Les fongicides admis dans la pratique du jardinage biologique sont :

– la bouillie bordelaise, à base de sulfate de cuivre, surtout efficace à titre préventif, avant l'apparition de la maladie ;

– les produits à base de soufre, efficaces contre l'oïdium, la tavelure, la moniliose... (à ne pas utiliser sous des températures supérieures à 20-25 °C car le soufre devient toxique pour les plantes) ;

– les décoctions de prêle et purin d'ortie.

Les fongicides chimiques les plus courants contiennent des matières actives comme mancozèbe, myclobutanil (Fertiligène maladies des rosiers, pulvérisateur prêt à l'emploi, KB maladies des rosiers, même présentation) ou propiconazole (BHS maladies des rosiers, pulvérisateur prêt à l'emploi, contre rouille, oïdium et taches noires).

Protection des plantes : réfléchir avant d'agir

Le terme de « protection des plantes » est pour nombre de jardiniers synonyme de mots comme « toxique, dangereux pour la santé » ou de « chimique ». Il existe pourtant aujourd'hui des produits de traitement d'origine végétale, comme les pyréthrines extraites des fleurs d'un chrysanthème ou la roténone, extraite d'une plante exotique appelée Derris. Il faut donc faire la distinction entre produits « chimiques » et produits « naturels » ou « biologiques ».

1 UN DOSAGE PRÉCIS

Lorsqu'un nouveau produit de traitement est proposé sur le marché, c'est qu'il a fait auparavant l'objet d'essais pendant des années, afin de vérifier son innocuité pour les humains et l'environnement. Les produits commercialisés continuent à être soumis à des tests pour s'assurer qu'ils sont toujours compatibles avec la réglementation en vigueur, qui évolue elle aussi. Les produits destinés au marché amateur font l'objet d'une attention particulière : leur concentration en matière active est établie de sorte qu'une utilisation en respectant les dosages indiqués ne présente aucun risque pour la santé tout en assurant une bonne efficacité du traitement. Mais bien sûr, cet équilibre ne peut être garanti si le dosage conseillé n'est pas respecté. Si par mesure de précaution, vous utilisez une quantité insuffisante de produit, tous les parasites ne seront pas atteints. Dans les cas extrêmes, cette attitude peut même favoriser l'apparition de souches résistantes, capables de résister aux matières actives utilisées. Si au contraire, la concentration du produit est trop élevée, c'est

UN DOSAGE PRÉCIS

Faux : *Comme la plupart des parasites sont présents au revers des feuilles, une vaporisation peu poussée, uniquement sur le dessus du feuillage, est de peu d'efficacité.*

Correct : *Vaporisez la solution de façon à bien mouiller le feuillage, y compris la face inférieure, pour atteindre tous les parasites.*

la plante elle-même qui peut en souffrir, avec des tissus lésés. C'est pourquoi il est indispensable de toujours respecter les consignes indiquées par le fabricant sur l'emballage.

2 LE BON PRODUIT

La gamme des produits phytosanitaires autorisés évolue au fil des années, dans un souci permanent de sécurité accrue pour la santé et l'environnement. Il est donc impossible de se fier durablement aux produits cités dans les livres et revues, puisque ces produits peuvent être interdits quelques mois ou quelques années plus tard ! Un conseil individualisé est donc indispensable sur le lieu de vente, afin de trouver le produit approprié pour répondre à un problème. Si vous possédez un appareil photo numérique ou même un téléphone faisant office d'appareil photo, pensez à prendre quelques photos de la plante malade pour les montrer au vendeur. Une photo est souvent beaucoup plus expressive que tout un discours. Elle peut aider le vendeur à faire un diagnostic exact et à vous proposer une solution fiable. N'utilisez chez vous que des produits phytosanitaires destinés à l'usage amateur, spécialement conçus à cet effet. Ils doivent porter la mention « emploi autorisé dans les jardins ». Les produits destinés aux professionnels sont strictement réservés aux cultures industrielles. Préférez par ailleurs les solutions prêtes à l'emploi, présentées en pulvérisateurs manuels, très pratiques à utiliser, qui permettent d'éviter les mélanges et dosages délicats. Voyez également si vous pouvez utiliser bâtonnets ou granulés insecticides, qui évitent toute aspersion de liquide. Lorsque vous réalisez vous-même le dosage d'un produit liquide, assurez-vous que le produit est bien réparti dans la solution, pour que la concentration de la pulvérisation soit la même en début et en fin de traitement.

CONSEIL

Pour permettre un diagnostic exact du problème, il est toujours bon de vous munir d'une feuille atteinte lorsque vous allez acheter un produit de traitement approprié ! Placez la feuille entre deux feuilles de papier absorbant humide puis glissez l'ensemble dans un sachet plastique, pour éviter que la feuille ne fane trop rapidement.

3 LA SÉCURITÉ D'ABORD

N'estimez pas superflu, en raison de la relative innocuité des produits autorisés sur le marché amateur, de porter des vêtements à manches longues, qui seront lavés après chaque traitement, et un masque protecteur. Pour que le produit phytosanitaire soit bien réparti et puisse toucher tous les parasites, il doit être vaporisé le plus finement et uniformément possible. C'est pourquoi les pulvérisateurs de qualité diffusent l'eau en vaporisation très fine. Même si vous vous tenez à une certaine distance du jet pulvérisé, par le biais d'une lance de traitement, il est inévitable que les particules finement vaporisées touchent votre peau ou que vous les respiriez. Un masque sur la bouche, des gants jetables et des vêtements bien couvrants de la tête aux pieds permettent ainsi de réduire les risques d'ingestion au minimum.

Si vous faites un traitement à l'intérieur, par exemple dans la véranda, prenez soin de garder les fenêtres fermées pendant au moins une heure après, pour laisser au produit le temps d'agir et éviter en aérant de « diluer » les effets du traitement. Au bout d'une heure ou deux par contre, procédez à une bonne aération des lieux pour renouveler l'air. Ne conservez pas de produits alimentaires dans la pièce pendant la durée du traitement ainsi que dans les heures qui suivent.

Si vous ne pouvez éviter de traiter sous abri les espèces fruitières, dans le but de consommer leurs fruits délicieux, il faut respecter un délai de quatre à six semaines entre le traitement et la récolte, délai nécessaire pour la dégradation des résidus de produits de traitement. Les délais à respecter varient selon les produits, aussi prenez soin de toujours consulter les recommandations figurant sur l'emballage. Choisissez pour ce type de traitement un produit conseillé à la fois pour les plantes d'ornement et pour les espèces fruitières. Les mélanges de produits préparés soi-même sont à proscrire, car il faut être un professionnel pour connaître les interactions possibles entre matières actives. Ces interactions peuvent en effet avoir des conséquences graves pour les plantes comme pour la santé ou l'environnement.

Intervenir au bon moment

Plus tôt vous intervenez pour lutter contre les maladies ou les parasites, mieux c'est. Tant que les dégâts et les populations sont limités, que les plantes voisines n'ont pas été contaminées, la lutte sera simple et rapide. Si par contre les ravageurs sont déjà présents un peu partout, il faudra des traitements répétés pour en venir à bout, ce qui signifie aussi un certain budget car les produits de traitement sont assez coûteux.

Attendez si possible une période de temps couvert pour procéder au traitement quel qu'il soit. De nombreux produits en effet sont à base d'huile, ce qui a pour conséquence de priver les parasites d'oxygène. Si le soleil donne sur ce film huileux qui couvre le feuillage, il peut en résulter des brûlures des feuilles. Fleurs et boutons floraux peuvent également être abîmés, brunir et ne s'ouvrir que partiellement. Après le traitement, l'idéal est que le ciel soit couvert pendant 12 heures au moins, 24 heures si possible. En été, traitez de préférence après le coucher du soleil et laissez les plantes à l'ombre le lendemain. Si le traitement est urgent et ne peut attendre un changement de temps, procédez en début de soirée, puis douchez le feuillage le lendemain matin s'il y a du soleil, même si cela limite l'efficacité du produit.

Malgré ces mesures de prudence, certaines plantes peuvent mal réagir aux traitements. Ainsi les bananiers *(Musa)* montrent-ils souvent des taches brunes ou bord des feuilles bruni après un traitement huileux. Sur les plantes à feuilles duveteuses, le produit de traitement demeure longtemps et à comparativement haute concentration, parce que les poils agissent comme un filtre. Il est donc préférable de commencer par traiter quelques feuilles à titre de précaution. Si vous n'observez rien de particulier au bout de trois jours, vous pouvez traiter la plante entière.

❶ LA RÉPÉTITION ASSURE SOUVENT LE SUCCÈS DU TRAITEMENT

Un unique traitement ne suffit pas en règle générale à éradiquer complètement le problème, maladie ou parasite, de même qu'une seule prise de médicament suffit rarement à nous remettre sur pied. Il faut généralement renouveler le traitement à plusieurs reprises, selon les cas à quelques jours d'intervalle, ou quelques semaines, et surveiller ensuite attentivement les plantes. Dès que vous repérez une population de parasites sur vos plantes en bac, commencez la lutte, mécanique ou avec un produit de traitement. Voyez les résultats au bout de quelques jours. Si vous constatez la persistance de certains parasites, reportez-vous aux conseils d'emploi du fabricant pour voir au bout de combien de temps il est conseillé de répéter le traitement. Une utilisation inappropriée du produit peut entraîner l'apparition de souches de parasites résistants, c'est-à-dire insensibles ensuite à ce produit de traitement. C'est l'une des raisons également qui justifie que l'on change régulièrement de produit utilisé, et plus précisément de matière active. Avec les insecticides de contact, il n'est pas rare que quelques ravageurs bien dissimulés échappent malgré tout aux traitements.

Les produits utilisés, efficaces contre les ravageurs adultes, ne permettent pas toujours de détruire les œufs. Les œufs peuvent dans ce cas donner quelque temps plus tard une nouvelle génération de parasites. Le cas échéant, un nouveau traitement sera donc nécessaire. Par la suite, il suffit de contrôler régulièrement l'état de vos plantes.

Utiliser correctement les produits phytosanitaires

La terminologie utilisée dans le domaine des produits phytosanitaires n'est pas toujours facile à assimiler. Vous trouverez ci-dessous les principaux termes utilisés.

❶ MATIÈRE ACTIVE

Bien que le nombre de produits commercialisés sur les rayons des jardineries soit élevé, les matières actives autorisées dans le domaine des insecticides sont en réalité peu nombreuses. Une fois que vous vous serez familiarisé avec les noms de ces matières actives, par exemple dicofol ou pyréthrines, vous constaterez qu'ils reviennent très souvent.

❷ TYPE DE PRODUIT PHYTOSANITAIRE

- **Insecticide :** produit contre les insectes.
- **Acaricide :** produit contre les acariens.
- **Fongicide :** produit contre les champignons pathogènes.

❸ MODE D'ACTION

- **Insecticide systémique :** l'insecticide est absorbé par la plante et véhiculé par la sève.
- **Insecticide de contact :** il n'est efficace que par contact direct avec les parasites.

QUELQUES INSECTICIDES DU COMMERCE AUTORISÉS POUR LE JARDIN ET LES PLANTES DU BALCON, DE LA TERRASSE OU VÉRANDA

Produit commercial	Matière active	Conditionnement	Mode d'action	Parasites	Utilisation
KB insectes, géraniums et fleurs	bifenthrine	à diluer	systémique et contact	aleurodes ou mouches blanches, thrips, acariens	jardinières, bacs, massifs
SEM BIO pucerons-chenilles	pyrèthre, roténone	à diluer	contact	pucerons, chenilles	balcon, terrasse, jardin
BHS antialeurodes Killfast	buprofézine	pulvérisateur prêt à l'emploi	systémique et contact	mouches blanches	jardin, terrasse
BHS insecticide-acaricide naturel polyvalent Alphasis EV	huile minérale	à diluer et pulvériser	contact	pucerons, acariens, cochenilles	jardin, balcon
Fertiligène pucerons foudroyant	bifenthrine	pulvérisateur prêt à l'emploi	systémique et contact	pucerons, acariens, mouches blanches, chenilles	jardin, pots et bacs
BHS traitement des plantes d'appartement Spasis L	cyperméthrine, dicofol, propiconazole	pulvérisateur prêt à l'emploi	systémique et contact	parasites et maladies	plantes en pot et bac, intérieur et extérieur
Fertiligène cochenilles	malathion, huile minérale paraffinique	poudre à diluer	systémique et contact	cochenilles à bouclier, cochenilles farineuses	balcon, jardin, plantes en pots
CP Jardin Pucerons Bio	acide gras végétal	pulvérisateur prêt à l'emploi	contact	pucerons, cochenilles, mouches blanches, thrips, acariens	balcon, jardin
SEM spécial pucerons	bifenthrine	pulvérisateur prêt à l'emploi	systémique et contact	pucerons, thrips, chenilles, mouches blanches	plantes en pot, balcon, jardin
Antichenilles biologique Bacillus *Le Jardin nature*	à base de la bactérie *Bacillus thuringiensis* qui parasite les chenilles	poudre à diluer	contact	chenilles	plantes en bac, jardin

Remarque : Les produits commerciaux cités ci-dessus ne constituent nullement une liste exhaustive des produits phytosanitaires utilisables sur le balcon, la terrasse ou dans la véranda. Ils sont uniquement destinés à servir d'exemples et vous permettent de vous familiariser avec les mentions figurant sur les emballages des produits (matière active, utilisation, mode d'action).

L'hivernage des plantes en bac

Les mois d'hiver constituent pour toutes les plantes une période critique. Les espèces indigènes la surmontent en perdant leurs feuilles et en entrant en repos végétatif. Les plantes exotiques ne suivent que rarement un repos végétatif annuel et demandent donc des soins particuliers en hiver.

La rentrée puis la sortie des plantes

La même question revient chaque automne : quand faut-il rentrer les plantes en bac ? Puis au printemps : quand peut-on les sortir sur le balcon ou la terrasse ? Voici les réponses :

1 Attention aux gelées nocturnes

La plupart de nos plantes en bac sont originaires de pays qui ne connaissent pas le gel. Elles ne sont donc pas adaptées au froid. Les plantes résistantes au gel sont capables d'abaisser le point de congélation en accumulant des sucres dans les cellules, ce qui leur permet de se protéger contre les gelées. Les plantes qui ne présentent pas cette adaptation voient l'eau de leurs cellules geler et faire éclater les parois cellulaires. Il ne reste ensuite que des feuilles et pousses noircies, et c'est souvent la plante entière qui meurt, car les racines sont également touchées. Ne prenez donc aucun risque inutile. Les espèces tropicales comme l'hibiscus *(Hibiscus rosa-sinensis)* peuvent souffrir du froid dès que la température tombe en dessous de 10 °C, et perdre feuilles ou boutons floraux.

2 Certaines l'aiment froid

Nombre d'espèces méditerranéennes supportent par contre courageusement les premières nuits froides. Elles en sont même plus robustes.

– Le froid décime les parasites et leurs œufs qui se sont installés sur la plante.

– Le gel empêche ainsi l'introduction dans la serre ou le lieu d'hivernage d'insectes présents sur les plantes.

– Le rafraîchissement graduel à l'extérieur renforce la résistance des plantes.

– Les modifications progressives du climat permettent aux plantes de s'adapter peu à peu à la baisse de la luminosité et des températures.

Un changement brutal, par exemple par une rentrée trop précoce des plantes, leur est au contraire néfaste car leur métabolisme ne peut s'adapter aussi rapidement. Laissez donc les plantes méditerranéennes dehors aussi longtemps que possible. Si les premières gelées parviennent tôt en saison, dès septembre ou octobre, elles sont souvent de courte durée. Rentrez les plantes pour quelques nuits si nécessaire, puis sortez-les à nouveau pour quelques semaines.

Le moment à choisir pour rentrer les plantes dépend de la région dans laquelle vous habitez. Dans les régions froides ou de montagne, c'est souvent début octobre qu'il faut effectuer cette rentrée, tandis que début novembre suffit souvent en région parisienne, et jusque fin novembre sous climat doux. Si vous prenez soin de noter chaque année les dates des premières gelées en automne, des dernières au printemps, vous saurez au bout de quelques années bien évaluer le meilleur moment pour intervenir, en limitant les risques.

Le vrai départ au printemps

Les premiers rayons du soleil printanier attirent immanquablement hommes et plantes vers les jardins et les balcons. En région froide, les risques de gelées persistent souvent jusqu'aux « Saints de glace », vers la mi-mai. Les journées du 12 au 15 mai sont consacrées aux saints Pancrace, Servais, Mamert et Sophie. Sous climat rigoureux, montagnard par exemple, le froid peut refaire une percée en mai et la saison des plantes les plus frileuses y commence avec deux semaines de retard, fin mai ou début juin. Tout comme elles peuvent être rentrées plus tard en automne, les plantes méditerranéennes peuvent être sorties les premières, souvent début avril. Cette sortie printanière précoce leur est plus bénéfique qu'une longue saison d'hivernage. Nombre d'espèces en effet entrent déjà en croissance mais ne donnent, faute de lumière, que des pousses pâles et étiolées.

Attention cependant : n'installez jamais directement en plein soleil les plantes à feuillage persistant que vous sortez d'hivernage, même s'il s'agit d'espèces qui demandent beaucoup de soleil. Après plusieurs mois de faible luminosité sous abri, les feuilles ne sont plus habituées à une telle intensité lumineuse et risquent, comme notre peau, les brûlures. Celles-ci se manifestent sous forme de taches brunes, irrégulières, conséquence d'un excès de soleil et non de froid !

1 DES ASTUCES POUR LES PLANTES LOURDES

Plus vos plantes en bac deviennent encombrantes et lourdes, plus la rentrée comme la sortie d'hivernage deviennent des opérations délicates. Le déplacement est cependant plus facile si vous utilisez les astuces ou aides suivantes :

Mettez-vous à deux et utilisez collier de portage ou autre pour porter les bacs les plus lourds et épargner votre dos.

Diables : Vous trouverez ces petits chariots équipés de roues dans tous les magasins de bricolage à des prix accessibles. Plus les roues sont importantes, plus ils sont maniables. Vous ne les utiliserez pas seulement pour transporter vos plantes en bacs, mais aussi bien pour déplacer des caisses de vins, des cartons de livres et bien d'autres choses lourdes. Les modèles les plus perfectionnés sont équipés d'un dispositif à trois roues et à bascule, qui permet de monter des marches.

Rampe d'accès : si vous parvenez à faire rouler les plantes sur une surface plane, les ennuis commencent généralement au pied des marches ! Vous pouvez cependant facilement créer une rampe de fortune grâce à des coins en bois adaptés aux marches, reliant les bords de deux marches consécutives. Si vous préparez quatre coins, vous pouvez, en vous faisant aider, déplacer les deux coins de la marche en dessous vers la marche au-dessus, ce qui permet ainsi de monter progressivement tout un escalier à l'aide d'un diable ou d'une brouette, en plaçant bien sûr les coins à l'écartement des roues.

Collier de portage : vous pouvez fabriquer des colliers facilitant le transport des plantes avec des courroies élastiques du type de celles utilisées pour fixer les bagages sur les toits des voitures. Commencez par passer une sangle assez lâche sous le rebord du pot ou bac, puis utilisez deux sangles plus petites, fixées à la première de part et d'autre du pot, qui serviront de poignées. Ces sangles permettent de transporter les bacs lourds à deux. Pour soulever et poser, pliez les genoux et non le dos !

Rouleaux : inspirez-vous des Égyptiens de l'Antiquité et faites rouler les bacs très lourds sur des rondins de bois posés à plat. Le rouleau libéré par l'avancée de la plante est placé devant, afin de poursuivre mètre par mètre le déplacement du pot.

Roulettes amovibles : d'abord proposés pour déplacer les meubles, les supports amovibles à roulettes ont fait leurs preuves aussi avec les pots de la terrasse. Veillez à ce que ces supports soient assez robustes pour le poids des plantes et bacs.

La lumière dans les quartiers d'hiver

La température n'est pas le seul facteur déterminant pour la survie de vos protégées en hiver. La luminosité joue également un rôle essentiel. Si elles manquent de lumière, elles seront très affaiblies au printemps et entreront plus difficilement en croissance.

1 Le plus possible de lumière

La plupart des plantes en bac ont un feuillage persistant, ce qui signifie qu'elles ont aussi besoin de lumière en hiver afin de conserver leur feuillage. C'est pourquoi le local d'hivernage doit être le plus clair possible. Ce peut être par exemple :

Appui de fenêtre : c'est le seul emplacement vraiment lumineux. Pour simplifier, on peut estimer que la luminosité est divisée par deux à chaque mètre d'éloignement de la fenêtre ! Il faut en outre considérer que les vitres elles-mêmes filtrent une partie de la lumière utilisable par les plantes. Ainsi une

Les petites serres sont des quartiers d'hiver idéals pour les plantes méditerranéennes.

plante placée à environ 3 m de la fenêtre ne reçoit-elle plus que 10 % de la lumière touchant la fenêtre.

Vitres dégagées : n'ombragez pas les fenêtres avec des voilages qui réduisent nettement la luminosité. Même si pour l'œil humain il fait encore « très clair » derrière les rideaux, les plantes ne le perçoivent pas de la même façon ! Si vous travaillez toute la journée, pensez à ouvrir stores ou rideaux avant de quitter la maison, même s'il fait encore nuit, pour que vos plantes bénéficient du plus possible de lumière.

Faisceau lumineux : soyez attentif au faisceau lumineux qui pénètre dans la maison. Dans une cave en particulier, le faisceau lumineux est oblique et une plante proche du mur peut ne pas être atteinte par ce faisceau. Pensez à surélever les petites plantes sur une table.

Comme la quantité de lumière qui pénètre dans une pièce par les fenêtres est diminuée de moitié à chaque mètre d'éloignement, les plantes persistantes avides de lumière doivent être placées le plus près possible des vitres. Surélevez les pots des petites plantes comme la plante-corail *(Russelia)*, car le pot posé sous la fenêtre demeure sinon dans l'ombre. Les arbustes ayant perdu leurs feuilles se contentent d'une faible luminosité et peuvent donc être installés vers le centre de la pièce.

2 Hivernage dans la pénombre

Les plantes en bac qui perdent leurs feuilles en automne peuvent sans difficulté passer l'hiver dans un local sombre. Ne les oubliez pas pour autant dans la cave ! Ces plantes à feuilles caduques n'ont besoin que de très peu d'eau mais il ne faut pas les laisser se dessécher. Ce qui est plus fréquent qu'on ne pense lorsque les plantes sont « oubliées » dans un coin sombre. Mieux vaut si possible conserver ces plantes dans un local faiblement éclairé mais très frais, où elles ne risqueront pas d'entrer trop tôt en croissance, et où vous ne risquerez pas d'oublier de les arroser de temps à autre.

3 Chez un professionnel

Certaines jardineries ou pépinières, n'utilisant que partiellement leurs serres en hiver, offrent une possibilité d'hivernage en location pour vos grandes plantes en bac. Les prix sont fonction de la température requise par les plantes. Le coût du transport, selon qu'il est pris en charge ou non, entre votre domicile et les serres, intervient également dans le calcul

Un garage convient tout à fait pour l'hivernage des romarins, laurier-sauce ou laurier-rose, qui supportent des gelées légères.

du prix. Si vous optez pour cette solution, prenez la peine d'établir un contrat avec le professionnel concerné car il n'est jamais exclu qu'une ou plusieurs plantes dépérissent pendant l'hivernage, bien que surveillées par le personnel de la jardinerie. Les pannes de chauffage sur le lieu d'hivernage peuvent notamment entraîner des dégâts importants pour les plantes.

Éclairage d'appoint pour les plantes

Si vous ne disposez pas d'un local assez lumineux pour l'hivernage, vous pouvez avoir recours à des éclairages d'appoint spécialement conçus pour les plantes, offrant un spectre lumineux adapté, avec une forte proportion de rayons ultra-violets. La lumière prend des reflets bleutés du fait de la dominance du bleu dans ces éclairages. À l'achat, soyez attentif aux points suivants :

Intensité lumineuse : elle doit être d'au moins 2 000 lux.

Spectre coloré : il est exprimé en chiffres et doit avoir une valeur de 830 ou 840. On trouve couramment la mention « lumière du jour », qui indique que l'éclairage artificiel offre un spectre proche de celui de la lumière naturelle.

Reproduction des couleurs : elle est définie sur une échelle de 1 à 3 et correspond à la perception qu'a l'œil humain de la lumière.

Rendement lumineux : exprimé en lux ou lumen par watt, il représente la part d'énergie transformée en lumière. Sa valeur minimale devrait être de 60 lux par watt.

Réflecteur : les ampoules ou tubes choisis doivent s'intégrer dans une lampe aux parois réfléchissantes, pour mieux répartir la lumière.

Durée d'éclairement : elle doit être supérieure à 10 000 heures. Quant au réglage quotidien de l'éclairage d'appoint, réglez-le sur une durée maximale de 12 heures. Huit heures suffisent d'ailleurs à la majorité des plantes. Un réglage supérieur à 12 heures ne présente aucun intérêt et risque au contraire de nuire au rythme physiologique des plantes.

Des modèles courants d'éclairage pour les plantes

Tubes luminescents : ces lampes fluorescentes allient un prix bas et, par leur forme allongée, une capacité d'éclairement de grandes surfaces. La lumière diffusée n'offre cependant pas un spectre continu comme la lumière naturelle, puis qu'elle « scintille ». Elle n'a donc pas grand intérêt pour les plantes.

Lampes halogènes à vapeur métallique : ces lampes ont une très longue durée d'éclairement et un très bon rendement lumineux, avec jusqu'à 100 lux ou lumen par watt.

Lampes à vapeur de mercure : leur intérêt tient surtout à leur souplesse d'utilisation. Comme elles ne dégagent que très peu de chaleur, elles peuvent être placées tout près des plantes, ce qui permet d'optimiser le rendement lumineux, qui ne dépasse guère 50 lux par watt.

Lampes à vapeur de sodium : spécialement conçues pour les besoins des horticulteurs, elles diffusent une lumière riche en ultra-violets, qui assure une croissance vigoureuse des plantes.

Ampoules électriques : elles ne sont pas du tout adaptées aux besoins des plantes, car elles ne transforment qu'environ 5 % de l'énergie en lumière, le « reste » étant restitué sous forme de chaleur. D'un point de vue physique, le spectre des ampoules ordinaires contient très peu de bleu, trop de rouge et risque même de nuire à la croissance.

LES PLANTES EN BAC QUI PEUVENT PASSER L'HIVER DANS L'OBSCURITÉ OU LA PÉNOMBRE

Arbre de soie *(Albizia)*, kiwi *(Actinidia)*, verveine-citronnelle *(Aloysia)*, oiseau-de-paradis *(Caesalpinia)*, chorisia *(Chorisia)*, clérodendron *(Clerodendrum)*, kaki *(Diopsyros)*, érythrine *(Erythrina)*, figuier *(Ficus carica)*, lilas des Indes *(Lagerstroemia)*, mélia *(Melia)*, mûrier *(Morus)*, dentelaire *(Plumbago)*, podranéa *(Podranea)*, poncirus *(Poncirus)*, grenadier *(Punica)*, sesbania *(Sesbania)*, agneau-chaste *(Vitex)*, jujubier *(Ziziphus)*.

La température durant l'hivernage

Il n'est pas question, bien au contraire, d'offrir aux plantes de véranda les conditions les plus chaudes possibles. Pour la plupart des espèces cultivées en bac, un hivernage à température fraîche s'impose. Seules les plantes véritablement tropicales acceptent une température moyenne supérieure à 18 °C.

1 DIFFÉRENCIER TEMPÉRATURE DE L'AIR ET TEMPÉRATURE DU TERREAU

La nuance entre température de l'air et température du sol est souvent ignorée, ce qui peut conduire à de mauvaises interprétations : les thermomètres en effet ne mesurent que la température de l'air. Or la température du sol est bien plus importante pour la santé des plantes. Lorsque les racines sont saines, la plante l'est aussi. Si des tiges ou pousses dépérissent en hiver, elles seront taillées et de nouvelles pousses se développeront au printemps. Si par contre ce sont les racines qui sont abîmées, les plantes se régénèrent beaucoup plus difficilement. Prenez donc soin de surveiller la température du terreau de vos plantes en bac durant l'hivernage, en enfonçant dans un pot un thermomètre spécial.

2 NE CRAIGNEZ PAS LES VARIATIONS TEMPORAIRES DE TEMPÉRATURE

La terre a une inertie beaucoup plus importante que l'air quant aux variations de température. Tandis que l'air d'une pièce se rafraîchit considérablement en quelques heures, lorsque la source de chauffage est arrêtée, le terreau emmagasine l'énergie durablement. Mais il lui faut aussi plus de temps pour se réchauffer. C'est pourquoi une certaine continuité est importante pour les plantes : maintenez en permanence une température de base grâce au chauffage. Si la pièce doit être utilisée pour un week-end ou des jours de fête, ne vous inquiétez pas de cette hausse temporaire de température. L'augmentation de la température de l'air ne devrait pas inciter les plantes à sortir de leur repos végétatif, car le terreau se réchauffe beaucoup plus lentement. Il faut par contre veiller aux systèmes de chauffage par le sol, qui peuvent entraîner un réchauffement rapide des pots. Dans ce cas, prévoyez de les poser sur un support isolant, plaques de polystyrène expansé ou pieds en terre cuite.

3 Quartiers d'hiver au frais

Trouver dans la maison une pièce bien chauffée n'est généralement pas un problème. Les modalités de construction actuelles ne favorisent par contre nullement la différenciation d'une pièce peu chauffée, car les bâtiments sont bien isolés et la température de l'air n'y descend guère en dessous de 15 °C, du moins dans l'habitat collectif. Si vous pensez aux plantes dès le stade de la construction, prévoyez d'équiper le garage de grandes fenêtres, ce qui vous permettra de l'utiliser en lieu d'hivernage, ou bien vitrez la cage d'escalier pour y installer des pots. L'idéal est bien sûr la serre ou véranda, non cependant une véranda servant de pièce à vivre et directement ouverte sur le salon, où la température ne tombe pas en dessous de 18 °C. Ce type de local vitré n'est en effet alors rien d'autre qu'une pièce normale, avec tous les inconvénients qu'elle présente pour la vie des plantes. Une serre ou véranda chauffée de façon à ce que la température ne dépasse pas 10 à 15 °C, ou simplement maintenue hors gel, constitue au contraire pour les plantes un véritable « jardin d'hiver », dans le vrai sens du terme.

Aussi frais que possible, aussi chaud que nécessaire

Une température élevée durant l'hivernage est néfaste à plus d'un titre.

Parasites : là où il fait chaud, les parasites se sentent bien, tout simplement ! Sans la sélection naturelle effectuée par le froid, la pluie, les prédateurs naturels, les populations de parasites ne diminuent guère. Sous abri ou dans la maison, elles se multiplient pour ainsi dire sans frein, surtout dans les quartiers d'hiver. Plus au contraire la température reste

Un grenier équipé de grandes ouvertures est idéal pour l'hivernage des plantes en bac, à condition de bien aérer par temps ensoleillé, pour éviter l'échauffement.

fraîche, moins les insectes sont actifs. Leur multiplication est alors presque stoppée.

Sécheresse de l'air : l'air chaud absorbe et emmagasine beaucoup moins d'humidité que l'air froid. C'est pourquoi l'humidité de l'air mesurée dans une pièce chauffée n'est généralement de l'ordre que de 30 %, ce qui est tout à fait insuffisant, pour les plantes comme pour les humains. Nos muqueuses se dessèchent et sont plus sensibles aux infections. Les plantes quant à elles réagissent par des pointes et bord des feuilles brunis et secs. Dans les pièces fraîches au contraire, l'humidité de l'air est nettement plus élevée, souvent supérieure à 60 % sans prendre de mesures particulières d'humidification. Les plantes y sont plus résistantes aux maladies. Une humidité de l'air supérieure à 80 % peut par contre devenir critique, car elle favorise une propagation très rapide des maladies cryptogamiques.

Bilan énergétique : la plupart des plantes de notre planète sont adaptées à des variations climatiques. Sous l'action du froid, de la sécheresse ou des inondations, elles sont programmées pour perdre ou renouveler leur feuillage à certaines périodes de l'année. Ce n'est que dans la zone intertropicale qu'il n'y a pas de saisons marquées et que les plantes ont une croissance pour ainsi dire ininterrompue. Les espèces végétales originaires de régions au climat saisonnier y sont entièrement adaptées par leur métabolisme. Si la saison de repos végétatif disparaît, les plantes s'épuisent : elles essaient de poursuivre leur croissance mais utilisent plus d'énergie qu'elles ne sont capables d'en fabriquer.

Les petites plantes comme le léonotis (Leonotis leonurus) *peuvent être groupées à plusieurs dans une caisse en bois, doublées de plastique à bulles et encore isolées avec de la paille ou de la laine de verre glissée entre les pots.*

Le processus est comparable à un régime : si le corps ne reçoit sur une longue période qu'une nourriture faiblement énergétique, il « consomme » plus d'énergie qu'il n'en absorbe et la conséquence est un amaigrissement. Chez les plantes qui ne constituent pas de réserves nutritives, à la différence des plantes bulbeuses, un manque de lumière durant l'hiver se traduit par un affaiblissement progressif. Si vient s'y ajouter une humidité excessive au niveau des racines, ou bien toute autre erreur de culture, les plantes sont condamnées, quand bien même il fait chaud !

5 Minimum et optimum de température

Il convient de bien faire la différence, pour ce qui est de la température d'hivernage des plantes en bac, entre le minimum qu'elles peuvent supporter et la température idéale.

C'est essentiellement grâce à l'observation que l'on connaît la tolérance des plantes au froid, non par des données ou recherches scientifiques. Des facteurs comme l'âge de la plante ou son emplacement sont également importants dans la résistance au froid d'un individu. Aussi est-il très difficile de définir les conditions minimales nécessaires à une espèce donnée !

Essayez plutôt d'offrir à vos protégées des conditions optimales. Certains palmiers comme les palmiers chanvre *(Trachycarpus)* supportent des températures négatives, ce qui ne signifie pas qu'ils les apprécient ! Vous trouverez dans les tableaux récapitulatifs par espèces (pages 102 et suivantes) une température minimale à titre indicatif, correspondant à une valeur à laquelle la plante ne doit pas être exposée longtemps. Vous trouverez également mentionnée une fourchette de température qui correspond à des conditions optimales pour l'hivernage.

L'entretien pendant l'hivernage

Prenez la peine d'offrir à vos plantes une attention presque aussi importante en hiver que durant la belle saison !

1 UNE BONNE HYGIÈNE

Même dans les meilleures conditions d'hivernage, il est inévitable que les plantes perdent des feuilles durant la mauvaise saison. Ne les laissez pas joncher le sol ou le terreau des bacs, car elles peuvent favoriser le développement de champignons pathogènes. Ramassez-les régulièrement. Avant de balayer, secouez vigoureusement les plantes pour faire tomber les feuilles déjà affaiblies et ainsi les ramasser elles aussi.

2 SURVEILLANCE DES PARASITES

Un affaiblissement dû à une attaque de parasites suceurs de sève pendant l'hiver peut être fatal aux plantes car les pertes énergétiques ne peuvent être compensées. Les piqûres des parasites cicatrisent difficilement et constituent autant de portes d'entrée pour les maladies. C'est pourquoi il est prudent d'examiner régulièrement à la loupe les rameaux, face inférieure et aisselle des feuilles, pour détecter le plus tôt possible la présence de parasites, avant qu'ils ne forment des colonies importantes. Mettez immédiatement en place des méthodes de lutte appropriées (voir pages 76 et suivantes).

Pour protéger les palmiers du soleil hivernal comme de l'humidité, commencez par lier les feuilles et formez une armature en bambous.

Recouvrez ensuite l'armature de bambous d'un voile d'hivernage solidement maintenu pour résister au vent.

3 Arrosez avec mesure

Plus il fait froid dans le lieu d'hivernage, plus l'arrosage doit être soigneusement dosé. En effet, une motte de racines humide et froide fait bien plus de dégâts qu'un terreau chaud et sec. N'arrosez donc que très parcimonieusement, car même une faible quantité d'eau suffit à la plante pour de nombreux jours.

4 Renouvellement régulier de l'air

Si une humidité de l'air élevée est souhaitable dans le lieu d'hivernage, un renouvellement régulier de l'air est par ailleurs nécessaire pour éviter les maladies cryptogamiques. Pensez donc à aérer brièvement mais à fond par temps doux, en ouvrant pendant 10 minutes toutes les portes et fenêtres, afin de bien renouveler l'air. Durant ce court laps de temps, l'air est renouvelé mais les murs et les objets ne se refroidissent pas, constituant une sorte de tampon thermique qui permet de retrouver rapidement la même température de terreau après avoir ouvert.

5 Celles qui passent l'hiver dehors

Si vous souhaitez garder dehors les plantes en bac qui supportent le gel, il y a plusieurs possibilités. Pour tirer parti du pouvoir isolant du sol, vous pouvez enterrer les pots. Autre solution, surélevez les bacs sur des pierres, plaques de polystyrène ou pieds en terre cuite afin qu'une couche d'air les isole du sol. Emballez ensuite pots et bacs dans du film plastique à bulles, en intercalant un peu de paille entre pot et plastique. Veillez à bien ajuster le film plastique en surface du pot, pour éviter que la pluie ne mouille la paille, diminuant ainsi son effet isolant. Il faut cependant qu'une partie de la motte demeure accessible, pour pouvoir humidifier le terreau et éviter le dessèchement. Chez les espèces à feuilles persistantes, il faut souvent protéger le feuillage de l'ensoleillement hivernal. Si le soleil brille avec des températures négatives, les feuilles perdent de l'eau par évaporation, tandis que les racines sont incapables de puiser de l'eau dans le terreau gelé, ce qui risque d'entraîner le dessèchement de la plante. Il s'agit donc d'une sécheresse due au froid, à ne pas confondre avec les dégâts directs du gel.

Pour réduire l'évaporation, il est bon de protéger les feuilles du soleil. Ceci peut être réalisé avec des paillassons disposés en cône autour de la plante, ou bien d'un voile d'hivernage couvrant la ramure. N'allez surtout pas emballer toute la couronne de film plastique ! Le plastique laisse passer le soleil et emmagasine la chaleur dans la journée, ce qui stimule l'activité des plantes. Si la nuit est ensuite très froide, les dégâts sont d'autant plus importants, car l'humidité accumulée sous le plastique favorise ensuite la pourriture.

AGAPANTHE *(Agapanthus)*

FAMILLE/ORIGINE : Liliacées/Afrique du Sud.
EMPLACEMENT EN ÉTÉ : ensoleillé à 80-100 %.
EMPLACEMENT EN HIVER : lumineux, à 8 ± 5 °C ; minimum - 5 °C. En cas d'hivernage à l'obscurité, le feuillage fane et repousse au printemps.
Entretien estival : maintenir une humidité du sol de 20 à 30 %. Une légère sécheresse favorise la mise à fleurs. De mars à août, apports d'engrais (N:P:K=3:2:3) 10x seulement. Un excès d'engrais favorise le feuillage au détriment des fleurs.
ENTRETIEN HIVERNAL : arrosages très espacés pour conserver une faible humidité du terreau : 10-20 %. Pourriture des racines en cas d'excès d'eau.
TAILLE : se limite à l'élimination des feuilles jaunies et des inflorescences fanées, à couper à la base.
PROBLÈMES : parasites rares ; parfois cochenilles farineuses à l'aisselle des feuilles.
ASTUCE : fleurit d'autant mieux qu'elle est rarement rempotée.

BOUGAINVILLÉE *(Bougainvillea)*

FAMILLE/ORIGINE : Nyctaginacées/Amérique du Sud.
EMPLACEMENT EN ÉTÉ : un ensoleillement de 100 % est le garant d'une floraison généreuse, en plusieurs vagues.
EMPLACEMENT EN HIVER : lumineux, à 15 ± 5 °C. Plus la pièce est fraîche, plus la chute des feuilles est importante. Minimum 3 °C.
ENTRETIEN ESTIVAL : maintenir une humidité constante et modérée du terreau (30-40 %). L'humidité stagnante est très néfaste. D'avril à août, apports d'engrais (N:P:K=3:2:3) 12x.
ENTRETIEN HIVERNAL : toujours laisser le terreau sécher en profondeur avant d'arroser, pour éviter les risques de pourriture des racines. Arrosages très réduits pour les plantes qui perdent leurs feuilles.
TAILLE : si les fleurs sont sèches, parcheminées, raccourcir les pousses d'un tiers environ.
PROBLÈMES : parfois cochenilles farineuses en hiver, pucerons au printemps.

PLANTE-GOUPILLON, RINCE-BOUTEILLE
(Callistemon citrinus)

FAMILLE/ORIGINE : Myrtacées/Australie.
EMPLACEMENT EN ÉTÉ : ensoleillé à 70-100 %.
EMPLACEMENT EN HIVER : lumineux, à 8 ± 5 °C.
ENTRETIEN ESTIVAL : maintenir une humidité du sol de 50-70 %, en utilisant de l'eau de pluie, non calcaire. Un manque d'eau se traduit par le dessèchement des feuilles aromatiques au parfum citronné. Grande capacité de régénération, par émission de nouvelles pousses, parfois des mois plus tard. Apports d'engrais (N:P:K=3:2:3) 20 x de mars à août.
ENTRETIEN HIVERNAL : maintenir une humidité du terreau de 30-40 %, en évitant le dessèchement.
TAILLE : la couronne dense de feuillage persistant supporte très bien la taille et se prête à une formation sur tige. Entreprendre la taille aussitôt après l'une des deux ou trois vagues successives de floraison.
PROBLÈMES : aucun parasite à redouter.

CAMÉLIA *(Camellia japonica)*

FAMILLE/ORIGINE : Théacées/Est asiatique.
EMPLACEMENT EN ÉTÉ : ensoleillé à 40-60 %.
EMPLACEMENT EN HIVER : lumineux, à 5 ± 5 °C. Pas plus de 10 °C = les camélias ne sont pas des plantes d'intérieur ! Minimum : - 20 à 0 °C, selon les espèces et variétés.
ENTRETIEN ESTIVAL : maintenir une humidité constante du terreau, de 40-60 %, avec une eau de pluie non calcaire. Apporter un engrais non calcaire (N:P:K=3:2:3) 12 x de février à août.
ENTRETIEN HIVERNAL : maintenir une humidité du terreau de 30-40 %. Ne jamais laisser sécher la motte en profondeur, sans quoi les boutons floraux peuvent tomber.
TAILLE : l'arbuste à croissance lente et port naturellement ramifié ne demande pas de taille régulière, mais une légère taille de correction peut être entreprise après la floraison.
PROBLÈMES : les parasites sont rares, les problèmes souvent dus à un mauvais emplacement, une erreur de culture ou un terreau trop calcaire.

CASSIA, CASSIER *(Cassia/Senna corymbosa)*

FAMILLE/ORIGINE : Caesalpiniacées/Amérique du Sud.
EMPLACEMENT EN ÉTÉ : ensoleillé à 80-100 %.
EMPLACEMENT EN HIVER : lumineux ou mi-ombragé, à 12 ± 5 °C. Minimum : 0 °C. Les tiges perdent généralement leurs feuilles en dessous de 12 °C.
ENTRETIEN ESTIVAL : maintenir une humidité du terreau constante, de 50-70 %. Besoins importants en eau. Utiliser un terreau drainant, mais éviter tout dessèchement qui entraîne chute des feuilles et arrêt de la floraison. Apports d'engrais (N:P:K=3:2:3) 30 x d'avril à août.
ENTRETIEN HIVERNAL : conserver une humidité du terreau de 20-40 %. Éviter toute humidité stagnante. Réduire les arrosages des arbustes qui ont perdu leurs feuilles.
TAILLE : rabattre les tiges chaque année en mars des deux tiers de leur longueur. Raccourcir les jeunes pousses si nécessaire dans l'été pour stimuler le buissonnement.
PROBLÈMES : sensible à différents parasites piqueurs et suceurs de sève.

CESTRUM *(Cestrum)*

FAMILLE/ORIGINE : Solanacées/Amérique centrale et du Sud.
EMPLACEMENT EN ÉTÉ : ensoleillé à 60-70 %. Supporte le plein soleil mais demande des arrosages très suivis, car les feuilles souples perdent beaucoup d'eau par évaporation.
EMPLACEMENT EN HIVER : lumière ou obscurité, à 10 ± 5 °C. Minimum : 0 °C. Plus il fait sombre et frais, plus l'arbuste perd ses feuilles.
ENTRETIEN ESTIVAL : maintenir une humidité constante de 50-70 %. Ne pas laisser sécher en profondeur, risques de chute des feuilles et arrêt de la floraison. Apports d'engrais (N:P:K=3:2:3) 30 x d'avril à août.
ENTRETIEN HIVERNAL : conserver une humidité du terreau de 30-40 %. Éviter toute humidité stagnante. Besoins réduits à l'obscurité.
TAILLE : entreprendre chaque année au printemps taille de nettoyage, de correction ou de rajeunissement. Pincer les jeunes pousses tout au long de l'été.
PROBLÈMES : sensible aux mouches blanches et araignées rouges.

CISTE *(Cistus)*

FAMILLE/ORIGINE : Cistacées/Bassin méditerranéen.
EMPLACEMENT EN ÉTÉ : ensoleillé à 100 %. Supporte très bien la chaleur.
EMPLACEMENT EN HIVER : lumineux, à 5 ± 5 °C. Quelques espèces supportent des gelées légères.
ENTRETIEN ESTIVAL : maintenir une humidité du terreau constante, de 50-70 %. Dans un terreau très drainant, besoins importants en arrosage. Ne pas laisser sécher toute la motte, sous peine de chute des feuilles et arrêt de la floraison. Apports d'engrais (N:P:K=3:2:3) 12 x d'avril à août.
ENTRETIEN HIVERNAL : maintenir une humidité du terreau de 30-40 %. Éviter toute humidité stagnante.
TAILLE : taille radicale chaque année en mars, car les fleurs se forment sur les pousses de l'année. Un léger rabattage après la première vague de floraison stimule la remontée.
PROBLÈMES : parfois pucerons sur les jeunes pousses ; attaques de champignons pathogènes possibles dans les locaux d'hivernage mal aérés.

AGRUMES *(Citrus)*

FAMILLE/ORIGINE : Rutacées/Asie, formes cultivées dans le monde entier.
EMPLACEMENT EN ÉTÉ : ensoleillé à 80-100 %. Éviter une chaleur excessive au niveau des racines.
EMPLACEMENT EN HIVER : très lumineux, à 12 ± 5 °C. Plus le local est lumineux, mieux les agrumes supportent la chaleur, et inversement.
ENTRETIEN ESTIVAL : maintenir une humidité du terreau modérée (40-50 %), en arrosant à l'eau de pluie, pour éviter pourriture des racines ou maladies cryptogamiques endogènes. Bien laisser sécher le terreau entre deux arrosages. Apports d'engrais (N:P:K=3:2:3 plus fer) 18 x de mars à août.
ENTRETIEN HIVERNAL : laisser sécher le terreau en profondeur entre deux arrosages. La chute des feuilles n'est pas un problème ; réduire les arrosages aux plantes défeuillées.
TAILLE : des pincements réguliers stimulent la formation d'une couronne dense et ramifiée.
PROBLÈMES : acariens (été), cochenilles (hiver).

CLÉRODENDRON *(Clerodendrum)*

FAMILLE/ORIGINE : Verbénacées/Afrique tropicale.
EMPLACEMENT EN ÉTÉ : ensoleillé à 70-100 %, avec une humidité de l'air supérieure à 50 %. Attendre la mi-mai pour la sortie d'hivernage. Choisir une situation abritée.
EMPLACEMENT EN HIVER : lumineux, à 12 ± 5 °C.
ENTRETIEN ESTIVAL : maintenir une humidité constante du terreau, de 40-60 %. Exige des arrosages fréquents. Apports d'engrais (N:P:K=3:2:3) 16 x d'avril à août.
ENTRETIEN HIVERNAL : maintenir une humidité du terreau de 30-40 %. Réduire les arrosages en cas de chute des feuilles.
TAILLE : des pincements réguliers de la pointe des tiges sont indispensables pour conserver une couronne compacte et florifère. Les plantes récemment achetées ont souvent été traitées avec un produit nanifiant dont l'effet disparaît rapidement.
PROBLÈMES : acariens, mouches blanches.
ASTUCE : formé sur tige, le clérodendron conserve un port compact et fleurit généreusement.

BANANIER *(Ensete/Musa)*

FAMILLE/ORIGINE : Musacées/Asie et Afrique tropicales.
EMPLACEMENT EN ÉTÉ : ensoleillé à 40-80 %. Au printemps, veiller à une accoutumance progressive à la luminosité. Choisir un emplacement abrité du vent pour éviter que les feuilles ne soient déchirées.
EMPLACEMENT EN HIVER : très lumineux, à 12 ± 5 °C. Hivernage possible dans une pièce à vivre, mais loin de la source de chauffage.
ENTRETIEN ESTIVAL : arrosages copieux durant toute la saison de végétation, avec une eau non calcaire, et des apports hebdomadaires d'engrais. Ne jamais laisser se dessécher la motte de racines.
ENTRETIEN HIVERNAL : maintenir le terreau légèrement humide (30-40 %), avec une humidité de l'air supérieure à 80 %, sans quoi le bord des feuilles brunit.
TAILLE : supprimer quand nécessaire les feuilles abîmées. Il est possible d'entreprendre en mars une taille radicale, en rabattant toutes les feuilles à 20-40 cm de la base du tronc.
PROBLÈMES : en cas d'hygrométrie insuffisante, araignées rouges sous les feuilles.

NÉFLIER DU JAPON *(Eriobotrya japonica)*

FAMILLE/ORIGINE : Rosacées/Chine, Japon.
EMPLACEMENT EN ÉTÉ : ensoleillé à 80-100 %, de préférence abrité du vent et de la pluie.
EMPLACEMENT EN HIVER : lumineux, à 10 ± 8 °C. Minimum - 10 °C. Local d'hivernage bien aéré.
ENTRETIEN ESTIVAL : maintenir une humidité constante du terreau, de 40-50 %. Arrosages fréquents nécessaires pour les sujets âgés à couronne volumineuse. Apports d'engrais (N:P:K=2h3mn4s) 20 x de mars à août.
ENTRETIEN HIVERNAL : maintenir en permanence une légère humidité du terreau (30-40 %), en évitant toute humidité stagnante. Les bourgeons à fruits ne poursuivent leur développement que l'été suivant.
TAILLE : inutile de tailler les néfliers ayant atteint une silhouette d'arbre. Rabattre les jeunes sujets pour stimuler un port buissonnant.
PROBLÈMES : des maladies cryptogamiques peuvent se déclarer lors des étés humides, mais les parasites sont rares.

ÉRYTHRINE CRÊTE-DE-COQ *(Erythrina crista-galli)*

FAMILLE/ORIGINE : Légumineuses/Amérique du Sud.
EMPLACEMENT EN ÉTÉ : ensoleillé à 80-100 %.
EMPLACEMENT EN HIVER : lumineux ou sombre, à 8 ± 5 °C. Perd ses feuilles à partir de novembre.
ENTRETIEN ESTIVAL : bien humidifier le terreau lors de l'arrosage, mais laisser sécher en profondeur avant d'arroser à nouveau (30-40 % d'humidité). Éviter toute humidité stagnante. Apports d'engrais (N:P:K=3:2:3) 12 x de mars à août.
ENTRETIEN HIVERNAL : arroser très parcimonieusement (10-15 % d'humidité du terreau), mais éviter le dessèchement complet du terreau.
TAILLE : l'arbuste sèche naturellement dans l'hiver, ne conservant qu'un tronc court. Éliminer les tiges sèches en mars. De nouvelles tiges souples, joliment arquées, sont émises par les bourgeons dormants du tronc.
PROBLÈMES : attaques d'araignées rouges possibles en période sèche prolongée.

FIGUIER *(Ficus carica)*

FAMILLE/ORIGINE : Moracées/Bassin méditerranéen, Proche-Orient.
EMPLACEMENT EN ÉTÉ : ensoleillé à 60-100 %.
EMPLACEMENT EN HIVER : lumineux ou sombre, à 5 ± 10 °C, car il perd ses feuilles à partir de novembre. Plantation en pleine terre possible également. Les jeunes tiges sont plus sensibles au gel.
ENTRETIEN ESTIVAL : ne pas laisser sécher le terreau drainant (50-60 % d'humidité). Arrosages fréquents nécessaires du fait de la masse foliaire importante. Apports d'engrais (N:P:K=2h2mn3s) 20 x de mars à août.
ENTRETIEN HIVERNAL : maintenir le terreau faiblement humide (20-30 %), besoins très réduits.
TAILLE : rabattage des tiges possible en février-mars, avant la reprise de la croissance, sans quoi les pertes de sève laiteuse sont importantes. L'arbre ou arbuste se ramifie assez peu naturellement.
PROBLÈMES : surveiller les attaques d'araignées rouges.
ASTUCE : les figuiers ne fleurissent pas mais forment directement des fruits.

FUCHSIA *(Fuchsia)*

FAMILLE/ORIGINE : Onagracées/Amérique du Sud.
EMPLACEMENT EN ÉTÉ : ensoleillé à 40-60 %. Apprécie une situation chaude et abritée du vent.
EMPLACEMENT EN HIVER : mi-ombre ou obscurité, à 8 ± 5 °C. Perd ses feuilles à partir de novembre. Évitez les situations trop chaudes qui favorisent une croissance étiolée, trop précoce, en hiver.
ENTRETIEN ESTIVAL : ne pas laisser sécher le terreau mais maintenir une humidité de 50-60 %. Les besoins sont fonction de l'ensoleillement. Apports d'engrais (N:P:K=3:2:3) 20 x de mars à août.
ENTRETIEN HIVERNAL : maintenir le terreau à peine humide (20-30 %), besoins très réduits en hiver.
TAILLE : taille de correction en février-mars, avant la reprise de la croissance. Pratiquer des pincements réguliers en été pour stimuler une croissance compacte et buissonnante.
PROBLÈMES : rares attaques d'araignées rouges en été.

HIBISCUS *(Hibiscus rosa-sinensis)*

FAMILLE/ORIGINE : Malvacées/Sud-Est asiatique.
EMPLACEMENT EN ÉTÉ : ensoleillé à 50-100 %, chaud et abrité du vent. La floraison est réduite en situation ombragée. À sortir à partir de fin mai sur la terrasse.
EMPLACEMENT EN HIVER : lumineux, à 15 ± 5 °C. Plus le lieu d'hivernage est frais et sombre, plus l'hibiscus perd ses feuilles.
ENTRETIEN ESTIVAL : maintenir une humidité du terreau de 50-60 %, en évitant toute sécheresse durable. Pourriture des racines en cas d'humidité stagnante. Apports d'engrais (N:P:K=3h2mn 3s) 24 x d'avril à août.
ENTRETIEN HIVERNAL : maintenir une humidité du terreau de 30-40 % pour les sujets ayant gardé leurs feuilles, réduire les arrosages aux hibiscus les ayant perdues.
TAILLE : une taille de correction annuelle en mars et des pincements réguliers en été permettent de conserver un port compact.
PROBLÈMES : fréquentes attaques de pucerons sur les fleurs et l'extrémité des pousses. Parfois mouches blanches, araignées rouges, cochenilles farineuses.

JASMIN *(Jasminum)*

FAMILLE/ORIGINE : Oléacées/Diverse (Afrique, Asie, Inde…).
EMPLACEMENT EN ÉTÉ : ensoleillé à 70-100 %.
EMPLACEMENT EN HIVER : lumineux, à 10 ± 5 °C. *J. mesnyi* et *J. officinale* supportent le gel. *J. polyanthum* est apprécié en intérieur pour sa floraison hivernale. Les espèces grimpantes demandent un support, *J. nitidum* et *J. sambac* ont un port buissonnant.
ENTRETIEN ESTIVAL : maintenir une humidité du terreau de 40-50 %, par des arrosages modérés. Apports d'engrais (N:P:K=3:2:3) 16 x d'avril à août.
ENTRETIEN HIVERNAL : maintenir une humidité du terreau de 30-40 %, en évitant toute humidité stagnante.
TAILLE : comme les fleurs apparaissent sur les jeunes pousses, la plante peut être rabattue sévèrement chaque année en mars, pour stimuler la formation de nouvelles ramifications et limiter la hauteur.
PROBLÈMES : araignées rouges en période sèche estivale.

LILAS DES INDES *(Lagerstroemia indica)*

FAMILLE/ORIGINE : Lythracées/Chine, Corée.
EMPLACEMENT EN ÉTÉ : ensoleillé à 80-100 %. Plus la situation est chaude et ensoleillée, plus la floraison de fin d'été est précoce.
EMPLACEMENT EN HIVER : lumineux, à 5 ± 8 °C.
ENTRETIEN ESTIVAL : maintenir une humidité constante du terreau, de 30-40 %, par des arrosages modérés. Éviter tout risque de dessèchement en période de formation des fleurs et floraison. Apports d'engrais (N:P:K=3:2:3) 16 x d'avril à août.
ENTRETIEN HIVERNAL : humidité du terreau de l'ordre de 20-30 %. Besoins très réduits des arbustes qui ont perdu leurs feuilles. Éviter toute humidité stagnante.
TAILLE : comme les fleurs se forment à l'extrémité des tiges de l'année, une taille sévère est possible chaque année en mars. Les sujets formés sur tige forment ainsi des couronnes bien compactes.
PROBLÈMES : pucerons fréquents sur les jeunes feuilles et pousses ; oïdium en été.

LAURIER-SAUCE *(Laurus nobilis)*

FAMILLE/ORIGINE : Lauracées/Bassin méditerranéen.
EMPLACEMENT EN ÉTÉ : ensoleillé à 40-100 %.
EMPLACEMENT EN HIVER : lumineux ou à mi-obscurité, à 5 ± 8 °C. Peu exigeant en lumière malgré son feuillage persistant.
ENTRETIEN ESTIVAL : maintenir une humidité du terreau constante, de 40-50 %. Besoins en eau importants chez les jeunes sujets en pleine croissance. Apports d'engrais (N:P:K=3:2:3) 16 x d'avril à août.
ENTRETIEN HIVERNAL : maintenir une faible humidité du terreau, de 20-30 %, sans pour autant laisser sécher entièrement la motte. Grande capacité de régénération.
TAILLE : une intervention de taille en mars, puis en juin, suffit généralement à conserver la forme des topiaires. Veiller à ne pas couper les feuilles en deux. Corriger en mars si nécessaire la silhouette des arbustes de forme libre. Utiliser les déchets de taille comme aromates.
PROBLÈMES : parfois cochenilles à bouclier ou cochenilles farineuses en hiver, mais rarement en cas d'hivernage à température fraîche.

MYRTE *(Myrtus communis)*

FAMILLE/ORIGINE : Myrtacées/Bassin méditerranéen.
EMPLACEMENT EN ÉTÉ : ensoleillé à 70-100 % ; très tolérant à la chaleur.
EMPLACEMENT EN HIVER : lumineux, à 8 ± 8 °C. Les myrtes à feuillage persistant exigent un hivernage au frais et ne sont pas des plantes d'intérieur !
ENTRETIEN ESTIVAL : maintenir une humidité du terreau constante, de 40-50 %, en arrosant à l'eau de pluie, non calcaire, et en évitant sécheresse comme excès d'eau. Sensible aux variations brutales d'humidité. Faible capacité de régénération. Apports d'engrais (N:P:K=3:2:3) 10 x de mars à septembre.
ENTRETIEN HIVERNAL : maintenir une humidité du terreau de 30-40 %, en évitant toute humidité stagnante.
TAILLE : le myrte supporte bien la taille et peut-être formé en topiaire ou sur tige. Tailler en avril, puis après la floraison.
PROBLÈMES : rarement, pucerons sur les jeunes pousses en croissance.

LAURIER-ROSE *(Nerium oleander)*

FAMILLE/ORIGINE : Apocynacées/Bassin méditerranéen.
EMPLACEMENT EN ÉTÉ : ensoleillé à 80-100 % ; à l'abri de la pluie pour les formes à fleurs doubles.
EMPLACEMENT EN HIVER : lumineux, à 5 ± 8 °C.
ENTRETIEN ESTIVAL : maintenir une humidité du terreau de 40 à 70 %, par des arrosages fréquents. L'eau demeurant dans la soucoupe sert de réserve d'eau par temps chaud. Apports d'engrais (N:P:K=3:2:3) 30 x de mars à août.
ENTRETIEN HIVERNAL : maintenir une humidité de 30-40 % du terreau.
TAILLE : comme les fleurs se forment à l'extrémité des tiges de plus de 6 mois, un rabattage au printemps recule l'essentiel de la floraison d'une année. Mieux vaut supprimer chaque année en mars une ou plusieurs des tiges âgées, ou bien ne tailler que la moitié des tiges.
PROBLÈMES : plus le laurier-rose passe l'hiver au frais, moins il a de parasites. En cas de chaleur excessive, araignées rouges, cochenilles à bouclier ou cochenilles farineuses fréquentes.

OLIVIER *(Olea europaea)*

FAMILLE/ORIGINE : Oléacées/Bassin méditerranéen.
EMPLACEMENT EN ÉTÉ : ensoleillé à 80-100 % ; supporte bien vent et chaleur.
EMPLACEMENT EN HIVER : lumineux, à 5 ± 8 °C. Ce n'est pas une plante d'appartement !
ENTRETIEN ESTIVAL : maintenir une humidité modérée du terreau, 30-50 %, par des arrosages assez espacés, plus fréquents bien sûr si le terreau est très drainant. Les feuilles enroulées vers le haut sont un signe de sécheresse. Apports d'engrais (N:P:K=3:2:3) 12 x d'avril à août.
ENTRETIEN HIVERNAL : maintenir une faible humidité du terreau, 20 à 30 %, tout en évitant le dessèchement de la motte.
TAILLE : chez les sujets portant des fruits, pratiquer une légère taille de correction en fin d'été après la récolte. Les plantes qui ne fructifient pas peuvent être taillées à tout moment entre mars et juillet. Couronne irrégulière en l'absence d'une taille annuelle.
PROBLÈMES : parasites très rares, parfois cochenilles farineuses en cas d'hivernage en situation trop chaude.

PASSIFLORE *(Passiflora)*

FAMILLE/ORIGINE : Passifloracées/Amérique du Sud.
EMPLACEMENT EN ÉTÉ : ensoleillé à 80-100 %. Une situation très lumineuse est indispensable pour une floraison estivale généreuse.
EMPLACEMENT EN HIVER : lumineux, à 12 ± 5 °C. Certaines espèces tolèrent des gelées légères, d'autres exigent un hivernage sous serre chauffée.
ENTRETIEN ESTIVAL : maintenir une humidité du terreau de 40-50 % par des arrosages fréquents, tout en évitant l'humidité stagnante qui se traduit rapidement par la pourriture des racines. Apports d'engrais (N:P:K=3:2:3) 24 x d'avril à septembre.
ENTRETIEN HIVERNAL : conserver une faible humidité du terreau, 20 à 30 % et assurer un bon renouvellement de l'air.
TAILLE : la plupart des espèces ayant une croissance très vigoureuse, une taille annuelle en mars permet de raccourcir les tiges et stimuler la ramification, pour obtenir des fleurs à hauteur du regard.
PROBLÈMES : risques d'attaques d'araignées rouges lorsque l'hygrométrie est inférieure à 50 %.

DENTELAIRE DU CAP *(Plumbago auriculata)*

FAMILLE/ORIGINE : Plumbaginacées/Afrique du Sud.
EMPLACEMENT EN ÉTÉ : ensoleillé à 80-100 %.
EMPLACEMENT EN HIVER : lumineux ou sombre, à 8 ± 5 °C. Les tiges sèchent naturellement sur une grande longueur et émettent de nouvelles pousses à la base en avril.
ENTRETIEN ESTIVAL : maintenir une humidité du terreau de 40-50 %, avec des arrosages fréquents. Supporte des variations temporaires d'humidité. Éviter l'humidité stagnante. Apports d'engrais (N:P:K=3:2:3) 20 x d'avril à août. Éviter les arrosages à l'eau très calcaire car les feuilles se couvrent d'un dépôt blanchâtre. Les « gouttes » collantes sur les fleurs sont normales.
ENTRETIEN HIVERNAL : arrosages très réduits, pour maintenir 20-30 % d'humidité.
TAILLE : rabattre les tiges sèches en mars jusqu'aux tissus vivants, verts. Tailler les formes sur tige en mars, puis à nouveau en juillet, après la première vague de floraison.
PROBLÈMES : généralement aucun.

POLYGALA *(Polygala myrtifolia)*

FAMILLE/ORIGINE : Polygalacées/Afrique du Sud.
EMPLACEMENT EN ÉTÉ : ensoleillé à 70-100 %.
EMPLACEMENT EN HIVER : lumineux, à 10 ± 5 °C.
ENTRETIEN ESTIVAL : maintenir une humidité modérée du terreau, de 30-40 %, en évitant tout excès de sécheresse ou d'humidité. L'humidité stagnante se traduit par la pourriture des racines. Apports d'engrais (N:P:K=3:2:3) 16 x de mars à septembre.
ENTRETIEN HIVERNAL : arroser parcimonieusement, pour conserver 20 à 30 % d'humidité dans le terreau.
TAILLE : cet arbuste se ramifie naturellement et ne demande guère de taille régulière, d'autant que sa croissance est lente. Il supporte cependant bien la taille et se prête à une formation sur tige.
PROBLÈMES : généralement aucun, hormis les risques de pourriture en cas d'humidité excessive du terreau.

GRENADIER *(Punica granatum)*

FAMILLE/ORIGINE : Punicacées/Bassin méditerranéen.

EMPLACEMENT EN ÉTÉ : ensoleillé à 70-100 %. Accepte l'ombre, mais floraison et fructification y sont réduites.

EMPLACEMENT EN HIVER : lumineux ou sombre, à 5 ± 5 °C. Minimum - 10 °C.

ENTRETIEN ESTIVAL : maintenir une humidité du terreau de 40-50 %, par des arrosages fréquents. Apports d'engrais (N:P:K=2:3:4) 14 x de mars à septembre.

ENTRETIEN HIVERNAL : arroser parcimonieusement, pour conserver une humidité du terreau de 20-30 %, en évitant tout excès. Besoins encore réduits pour les plantes ayant perdu leurs feuilles.

TAILLE : stimuler la ramification des jeunes sujets par une taille annuelle en avril, avant l'entrée en croissance. Éclaircir ou rajeunir si nécessaire les sujets âgés en fin d'hiver. Se prête à une formation sur tige.

PROBLÈMES : fréquentes attaques de pucerons sur les jeunes pousses au printemps.

OISEAU-DE-PARADIS *(Strelitzia reginae)*

FAMILLE/ORIGINE : Musacées/Afrique du Sud.

EMPLACEMENT EN ÉTÉ : ensoleillé à 80-100 %. Supporte bien chaleur et vent.

EMPLACEMENT EN HIVER : très lumineux, à 12 ± 8 °C. Minimum 0 °C. Floraison essentiellement durant les mois d'hiver ou fin d'hiver et printemps.

ENTRETIEN ESTIVAL : maintenir une humidité du terreau de 30-40 %, en laissant le terreau sécher en profondeur entre les arrosages. Supporte bien la sécheresse. Apports d'engrais (N:P:K=3:1:2) 12 x de mars à octobre.

ENTRETIEN HIVERNAL : réduire l'humidité du terreau à 20-30 %. Un excès d'humidité peut entraîner la pourriture des racines.

TAILLE : il suffit de supprimer quand nécessaire les feuilles abîmées ou fanées en les coupant à la base.

PROBLÈMES : très rares. En cas d'apparition de cochenilles farineuses, les essuyer simplement.

THUNBERGIA *(Thunbergia)*

FAMILLE/ORIGINE : Acanthacées/Asie du Sud-Est, Afrique tropicale.

EMPLACEMENT EN ÉTÉ : ensoleillé à 70-100 %, chaud et abrité. Fleurit mieux sous serre en région froide.

EMPLACEMENT EN HIVER : lumineux, à 15 ± 5 °C. Minimum 3 °C. Assurer une bonne température au niveau des racines.

ENTRETIEN ESTIVAL : maintenir une humidité du terreau de 50 à 60 %, sans laisser sécher la motte, par des arrosages modérés. Apports d'engrais (N:P:K=3:2:3) 20 x d'avril à août. Prévoir un support pour les espèces grimpantes *(T. grandiflora, T. mysorensis, T. coccinea)*. *T. erecta* a un port buissonnant.

ENTRETIEN HIVERNAL : maintenir une humidité modérée du terreau, de 30-40 %, en évitant tout excès.

TAILLE : comme les fleurs se forment à l'extrémité des pousses de l'année, une taille sévère en fin d'hiver est conseillée.

PROBLÈMES : acariens en cas d'air trop sec en été, cochenilles en hiver.

TIBOUCHINA *(Tibouchina)*

FAMILLE/ORIGINE : Mélastomacées/Brésil.
EMPLACEMENT EN ÉTÉ : ensoleillé à 80-100 %, chaud et abrité du vent.
EMPLACEMENT EN HIVER : lumineux, à 10 ± 5 °C.
ENTRETIEN ESTIVAL : maintenir une humidité du terreau de 50-60 %, mais laisser sécher le terreau en profondeur avant d'arroser à nouveau. Apports d'engrais (N:P:K=3:2:3) 20 x d'avril à août.
ENTRETIEN HIVERNAL : arroser très modérément, pour conserver une humidité du terreau de 30-40 %. Éviter toute humidité stagnante, qui favorise la pourriture des racines.
TAILLE : sans régulateur de croissance (nanifiant), l'arbuste forme de longues tiges souples à longs entre-noeuds. Pincer à plusieurs reprises entre mars et juin pour stimuler la ramification. Tailler ensuite après la floraison.
PROBLÈMES : généralement aucun.

JASMIN ÉTOILÉ *(Trachelospermum jasminoides)*

FAMILLE/ORIGINE : Apocynacées/Japon, Corée.
EMPLACEMENT EN ÉTÉ : ensoleillé à 40-70 %. Teinte rougeâtre en plein soleil, floraison très réduite à l'ombre.
EMPLACEMENT EN HIVER : lumineux, à 8 ± 8 °C. Minimum : - 10 °C. Cultivé en bac, supporte une courte période de gel, mais pas de gel prolongé. Peut être planté en pleine terre sous climat doux.
ENTRETIEN ESTIVAL : maintenir une humidité constante du terreau, de l'ordre de 40-60 %. Ne craint pas une courte période sèche mais une sécheresse durable. Apports d'engrais (N:P:K=3:2:3) 12 x d'avril à septembre.
ENTRETIEN HIVERNAL : humidité du terreau de 20-30 %.
TAILLE : les tiges à croissance lente et feuillage dense ne se dégarnissent guère. Une taille occasionnelle de nettoyage ou rajeunissement se révèle suffisante.
PROBLÈMES : très rares ; parfois araignées rouges.

PALMIER CHANVRE *(Trachycarpus fortunei)*

FAMILLE/ORIGINE : Arécacées/Est asiatique (sud de la Chine, Himalaya).
EMPLACEMENT EN ÉTÉ : ensoleillé à 40-100 % ; supporte la chaleur et le vent.
EMPLACEMENT EN HIVER : lumineux, à 5 ± 10 °C. Peut être planté au jardin s'il est protégé de l'humidité hivernale.
ENTRETIEN ESTIVAL : arrosages espacés mais copieux, en laissant sécher le terreau en profondeur avant d'arroser à nouveau. Ne craint pas une courte période sèche. Apports d'engrais (N:P:K=3h2mns) 12 x d'avril à septembre.
ENTRETIEN HIVERNAL : réduire l'humidité du terreau à 20-30 %, par des arrosages parcimonieux.
TAILLE : supprimer en mai les feuilles abîmées. Toujours laisser une courte portion du pétiole sur le tronc, sans quoi celui-ci paraît très fin avec l'âge. Les vieilles feuilles protègent les jeunes feuilles du soleil au printemps.
PROBLÈMES : aucun.

L'entretien de vos plantes en bac

L'entretien de vos plantes en bac

Plante	Humidité du terreau, arrosage	Rythme d'apports d'engrais	Ensoleillement en été	Vitesse de croissance	Port, hauteur	Fréquence de t par saison
Mimosa *Acacia*	50-70 % copieux	24 x (à partir de février)	100 %	rapide	arbre, 3-5 m	1 x, après la flor
Feijoa *Acca sellowiana*	40-60 % copieux	20 x	70-100 %	modérée	arbuste, 2-4 m	2 x, mars + ju
Arbre de soie *Albizia julibrissin*	30-40 % attention aux excès	16 x	70-80 %	lente à modérée	arbre, 4-6 m	1 x, mars
Plante kangourou *Anigozanthos flavidus*	20-50 % parcimonieux	12 x	60-100 %	lente	plante vivace, 0,50-0,80 m	1 x, mars (netto
Arbousier *Arbutus unedo*	40-50 %	24 x	50-100 %	modérée	arbuste, 1,50-4 m	1-2 x, mars + j
Oiseau -de-paradis *Caesalpinia gilliesii*	30-50 % modéré	12 x	80-100 %	lente	arbuste, 1-1,80 m	1 x, mars
Calliandra, arbre aux houpettes *Calliandra*	50-70 % copieux	20 x	80-100 %	modérée	arbuste, 1,50-3m	2 x, mars + après florais
Rince-bouteilles, plante goupillon *Callistemon*	40-60 % pas de sécheresse durable	24 x	80-100 %	modérée	arbuste, 2-4 m	après chaque va de floraison
Câprier *Capparis spinosa*	20-30 % parcimonieux	6 x	100 %	lente	sous-arbrisseau, 0,20-0,50 m	nettoyage en n
Carissa *Carissa macrocarpa*	30-70 % modéré	12 x	40-100 %	lente	arbuste, 0,50-1 m	quand nécessa
Palmier nain *Chamaerops humilis*	20-40 % parcimonieux	12 x	60-100 %	lente	palmier, 1,50-3m	nettoyage en r

mpérature hivernale inimum ; optimum)	Emplacement en hiver	Floraison	Fructification	Défense/substances spécifiques	Parasites, erreurs de culture
- 5 °C ; 8 ± 5 °C	très lumineux	fin d'hiver, parfumée	gousses brunes	plusieurs espèces épineuses	en hiver, rarement cochenilles ; dépérissement par manque de lumière
- 8 °C ; 10 ± 8 °C	très lumineux	début d'été	comestible	–	très rarement cochenilles farineuses
- 15 °C ; 5 ± 5 °C	lumineux ou sombre	début d'été	capsules brunes	–	racines très sensibles à un excès d'humidité, indemne de parasites
0 °C ; 10 ± 5 °C	lumineux	été	–	–	aucun parasites, très rarement cochenilles farineuses
- 10 °C ; 5 ± 5 °C	lumineux	fin d'été ou fin d'hiver	comestible et décorative	–	fréquemment pucerons sur les jeunes feuilles au printemps
- 8 °C ; 5 ± 5 °C	lumineux ou sombre	été	gousses brunes	–	indemne de parasites, parfois limaces ou escargots au printemps
0 °C ; 12 ± 5 °C	lumineux	été	–	–	aucun parasites
- 5 °C ; 8 ± 5 °C	très lumineux	3 x dans l'année : pr./été/aut.	capsules rondes	–	aucun parasites
- 5 °C ; 8 ± 5 °C	lumineux ou sombre	début d'été	rare	–	aucun parasites ; les tiges sèchent en hiver
0 °C ; 8 ± 5 °C	lumineux	été, parfumée	comestible	sève toxique	aucun parasites, très rarement cochenilles
- 10 °C ; 8 ± 8 °C	lumineux	été, sujets âgés seulement	en grappes denses	pétioles épineux	acariens en cas d'hivernage chaud et sec

Plante	Humidité du terreau, arrosage	Rythme d'apports d'engrais	Ensoleillement en été	Vitesse de croissance	Port, hauteur	Fréquence de par saiso
Oranger du Mexique *Choisya ternata*	40-50 % éviter les excès	16 x	50-80 %	lente	arbuste, 0,50-2 m	1 x après la flo
Bombax *Chorisia speciosa*	20-40 % parcimonieux	12 x	80-100 %	modérée	arbre, 3-5 m	selon les beso
Camphrier *Cinnamomum camphora*	30-60 % modéré	24 x	60-100 %	rapide	grand arbuste, 2,50-4 m	2 x, mars + ju
Caféier *Coffea arabica*	50-70 %, copieux	24 x	40-60 %	lente	arbuste, 1-2 m	quand nécess
Cordyline *Cordyline indivisa*	20-40 % parcimonieux	6 x	100 %	modérée	comme un palmier, 1,50-3m	nettoyage en
Cyprès d'Italie *Cupressus sempervirens*	50-60 % copieux	16 x	80-100 %	lente	arbre, 3-5 m	2 x, avril + ju
Papyrus *Cyperus papyrus*	70-100 % très copieux	24 x	60-100 %	rapide	graminée, 2-4 m	nettoyage en
Dasylirion *Dasylirion*	20-30 % parcimonieux	6 x	80-100 %	très lente	aspect de graminée, 1-2 m	nettoyage en
Kaki *Diospyros kaki*	50-65 % modéré	24 x	80-100 %	modérée	arbre, 2,50-4 m	1 x, mars
Dodonéa *Dodonea viscosa*	40-60 % modéré	24 x	60-100 %	modérée	arbuste, 1,50-3m	quand nécess
Vipérine *Echium candicans*	30-50 % craint la sécheresse	12 x	80-100 %	lente	sous-arbrisseau, 1-2 m	1 x, après la flo
Eucalyptus *Eucalyptus gunnii*	70-80 % copieux	24 x	100 %	très rapide	arbre, 3-5 m	2-3 x, selon les

empérature hivernale minimum ; optimum)	Emplacement en hiver	Floraison	Fructification	Défense/substances spécifiques	Parasites, erreurs de culture
- 10 °C ; 5 ± 5 °C	lumineux	printemps, parfumée	rare	–	parfois araignées rouges en cas d'été sec
0 °C ; 12 ± 5 °C	lumineux ou sombre	fin d'été, insignifiante	grosses capsules	tronc épineux	rarement araignées rouges, en cas de sécheresse estivale
- 5 °C ; 10 ± 8 °C	très lumineux	été	–	huiles essentielles aromatiques	aucun parasite, les tiges sèchent en cas de manque de lumière
5 °C ; 15 ± 5 °C	lumineux mais sans soleil direct	été, parfumée	baies	–	taches foliaires brunes en cas d'ensoleillement direct ; pas de parasites
- 5 °C ; 8 ± 8 °C	lumineux	été, parfumée	–	–	aucun parasites
- 15 °C ; 0 ± 5 °C	lumineux	–	capsules brunes	huiles essentielles aromatiques	cochenilles en cas d'hivernage à température trop chaude
0 °C ; 15 ± 5 °C	lumineux	insignifiante	insignifiante	–	acariens en cas de sécheresse
- 10 °C ; 5 ± 5 °C	lumineux	sujets âgés	rare	feuilles partiellement épineuses	aucun parasites
- 15 °C ; 0 ± 5 °C	lumineux ou sombre	printemps	comestible, fin d'été	–	parfois pucerons sur les jeunes pousses
- 3 °C ; 10 ± 5 °C	lumineux	printemps	décorative	–	aucun parasites
- 5 °C ; 5 ± 5 °C	très lumineux	printemps	rare	–	pucerons, araignées rouges, cochenilles farineuses, mouches blanches
- 10 °C ; 5 ± 5 °C	très lumineux	insignifiante	rare	huiles essentielles aromatiques	rarement cochenilles, à bouclier ou farineuses ; ne supporte pas la sécheresse

Plante	Humidité du terreau, arrosage	Rythme d'apports d'engrais	Ensoleillement en été	Vitesse de croissance	Port, hauteur	Fréquence de ta par saison
Frémontia *Fremontodendron calif.*	30-40 % pas d'excès	16 x	60-100 %	modérée	arbuste, 1,50-2,50 m	1x, mars
Grévilléa *Grevillea*	30-50 % parcimonieux	12 x, sans P	100 %	modérée	arbuste, 0,50-1,50 m	quand nécessai
Hedychium *Hedychium/ Alpinia*	40-60 % modéré	20 x	50-80 %	modérée	plante vivace, 1-2,50 m	nettoyage en m
Iochroma *Iochroma/ Acnistus*	50-70 % copieux	30 x	60-80 %	rapide	arbuste, 1,50-3m	2 à 5 x, selon les besoi
Juanulloa *Juanulloa aurantiaca*	40-60 % modéré	12 x	80-100 %	lente	arbuste, 1-2 m	1 x, mars
Lagunaria *Lagunaria patersonii*	40-60 % modéré	20 x	80-100 %	modérée	arbuste, 1,50-3m	2 x, mars + juil
Lantana *Lantana camara*	50-80 % copieux	30 x	60-80 %	rapide	arbuste, 0,50-2 m	3-4 x, selon les besoi
Queue-de-lion *Leonotis leonurus*	50-80 % copieux	24 x	60-80 %	rapide	sous-arbrisseau, 1-1,50 m	2x, mars + apr floraison
Myrte des mers du Sud *Leptospermum scoparium*	70-80 % pas de sécheresse	20 x	100 %	modérée	arbuste, 0,50-1,50 m	2 x, après la floraison + juil
Mandévilla *Mandevilla/ Dipladenia*	40-60 % modéré	24 x	60-80 %	très rapide	grimpante, 2-4 m	2 x, mars + juil
Métrosidéros *Metrosideros*	30-80 % modéré	20 x	60-100 %	modérée	arbuste, 2-4 m	2 x si nécessai

mpérature hivernale ninimum ; optimum)	Emplacement en hiver	Floraison	Fructification	Défense/substances spécifiques	Parasites, erreurs de culture
- 8 °C ; 10 ± 8 °C	lumineux	printemps-été	–	poils allergisants	rarement cochenilles farineuses ; pourriture des racines en cas d'humidité stagnante
0 °C ; 10 ± 8 °C	très lumineux	fin d'hiver	–	problèmes au niveau des racines en cas de pH trop élevé	–
0 °C ; 12 ± 5 °C	lumineux	fin d'hiver/été	racines parfois comestibles	–	araignées rouges en atmosphère sèche, pourriture des racines en cas d'humidité stagnante
0 °C ; 10 ± 5 °C	lumineux ou sombre	été	–	faiblement toxique	trhips, pucerons et mouches blanches fréquents
0 °C ; 15 ± 5 °C	lumineux	printemps et été	–	toxique	souvent cochenilles farineuses sur les fleurs
0 °C ; 10 ± 5 °C	lumineux	début d'été	–	–	indemne de parasites ; très rarement cochenilles ou pucerons
3 °C ; 10 ± 5 °C	lumineux ou sombre	du printemps à l'automne	baies décoratives	feuilles rugueuses	mouches blanches quasi inévitables
3 °C ; 10 ± 5 °C	lumineux ou sombre	été-automne	sans intérêt	–	fréquemment mouches blanches, araignées rouges en été
- 5 °C ; 8 ± 5 °C	très lumineux	fin d'hiver-printemps	–	–	rarement cochenilles farineuses ; dépérissement des tiges après une période sèche prolongée
0 °C ; 12 ± 5 °C	lumineux	début d'été jusqu'en automne	–	sève laiteuse toxique	parfois araignées rouges en été, cochenilles farineuses en hiver
2 °C ; 10 ± 8 °C	lumineux	début d'été	–	–	–

Plante	Humidité du terreau, arrosage	Rythme d'apports d'engrais	Ensoleillement en été	Vitesse de croissance	Port, hauteur	Fréquence de ta par saison
Michélia *Michelia figo*	40-50 % modéré	12 x	60-100 %	lente	arbuste, 1,50-4 m	selon si nécessai
Bambou sacré *Nandina domestica*	30-80 % modéré	20 x	60-100 %	modérée	arbuste, 1-2 m	
Ochna *Ochna serrulata*	40-70 % modéré	20 x	60-100 %	lente	arbuste, 1-1,50 m	1 x, après la chu des fruits
Osmanthe *Osmanthus fragrans*	40-60 % modéré	24 x	60-80 %	lente	arbuste, 1,50-4 m	1 x, mars
Pandoréa *Pandorea jasminoides*	35-60 % modéré	20 x	60-100 %	rapide	grimpante, 2-4 m	1x, mars
Palmier-dattier *Phoenix*	20-40 % parcimonieux	12 x	100 %	modérée	palmier, 1,50-3 m	nettoyage en m
Lin de Nouvelle-Zélande *Phormium tenax*	30-40 % modéré	12 x	60-100 %	lente	vivace, 0,50-2 m	nettoyage en m
Pittosporum *Pittosporum tobira*	30-80 % modéré	24 x	40-100 %	modérée	arbuste, 1-3 m	1x, mars
Podranéa *Podranea ricasoliana*	40-60 % modéré	24 x	60-80 %	très rapide	grimpante, 2-5 m	2x, mars + jui
Goyavier *Psidium littorale*	30-60 % modéré	20 x	80-100 %	modérée	arbuste, 1,50-3 m	1 x, mars
Plante-corail *Russelia equisetiformis*	40-60 % modéré	16 x	80-100 %	lente	arbuste, 0,30-1,50 m	1 x, mars
Faux poivrier *Schinus molle*	50-70 % copieux	24 x	60-100 %	modérée	arbre, 3-5 m	1x, mars
Sollya *Sollya heterophylla*	40-50 % sans excès	20 x	60-80 %	modérée	grimpante, 1-2 m	1x, mars

mpérature hivernale inimum ; optimum)	Emplacement en hiver	Floraison	Fructification	Défense/substances spécifiques	Parasites, erreurs de culture
- 5 °C ; 8 ± 5 °C	lumineux ou sombre	début d'été		–	sensible à l'oïdium en cas d'atmosphère humide, mal aérée
- 15 °C ; 5 ± 5 °C	lumineux	automne/ fin d'hiver	baies décoratives	toxique	aucun parasites
0 °C ; 10 ± 5 °C	lumineux ou sombre	fin d'hiver, parfumée	baies décoratives	–	aucun parasites ; chute des feuilles en cas d'arrosages insuffisants
- 15 °C ; 5 ± 5 °C	lumineux	printemps-, automne, parfumée	–	–	aucun parasites
0 °C ; 10 ± 5 °C	lumineux	été/fin d'été	–	–	rarement, araignées rouges ou cochenilles farineuses
- 8 °C ; 8 ± 8 °C	lumineux	sujets âgés	grappes denses	pétioles épineux	araignées rouges en cas d'atmosphère sèche en hiver
- 5 °C ; 8 ± 5 °C	lumineux	été	–	–	aucun parasites, très rarement pucerons à l'aisselle des feuilles
- 10 °C ; 8 ± 8 °C	lumineux	début d'été, parfumée	capsules décoratives	–	parfois cochenilles à bouclier ou cochenilles farineuses
0 °C ; 10 ± 5 °C	lumineux ou sombre	fin d'été	–	–	en hiver, parfois cochenilles à bouclier ou farineuses
0 °C ; 10 ± 5 °C	lumineux	printemps, parfumée	comestible	–	indemne de parasites
3 °C ; 12 ± 5 °C	lumineux	été	–	–	indemne de parasites
- 5 °C, 10 ± 8 °C	lumineux	début d'été	utilisable comme épice	–	indemne de parasites
0 °C ; 10 ± 5 °C	lumineux	printemps à automne	–	–	rarement cochenilles farineuses ; les racines ne supportent pas l'humidité stagnante

Plante	Humidité du terreau, arrosage	Rythme d'apports d'engrais	Ensoleillement en été	Vitesse de croissance	Port, hauteur	Fréquence de t par saison
Streptosolen *Streptosolen jamesonii*	50-70 % copieux	24 x	100 %	rapide	arbuste, 0,50-1 m	2-4 x, selon les besoi
Syzygium *Syzygium paniculatum*	40-60 % modéré	20 x	40-100 %	modérée	arbuste, 1,50-3 m	1 x, mars
Técoma *Tecomaria capensis*	50-60 % modéré	24 x	80-100 %	très rapide	grimpante, 1,50-4 m	1 x, mars
Thévétia *Thevetia peruviana*	30-50 % parcimonieux	24 x	100 %	modérée	arbuste, 1,50-2 m	1 x, mars
Laurier-tin *Viburnum tinus*	40-60 % modéré	24 x	60-100 %	modérée	arbuste, 1,50-2 m	1 x, après la ch des fruits
Agneau-chaste *Vitex agnus-castus*	30-70 % modéré	16 x	60-100 %	modérée	arbuste, 1,503 m	1 x, mars
Palmier jupon *Washingtonia*	40-60 % modéré	12 x	60-85 %	modérée	palmier, 3-5 m	nettoyage en n

empérature hivernale (minimum ; optimum)	Emplacement en hiver	Floraison	Fructification	Défense/substances spécifiques	Parasites, erreurs de culture
0 °C ; 10 ± 5 °C	lumineux ou sombre	printemps-été	–	–	mouches blanches fréquentes
0 °C ; 10 ± 8 °C	lumineux	début d'été	baies rosées	–	indemne de parasites
3 °C ; 10 ± 5 °C	lumineux ou sombre	été	–	–	pucerons sur les jeunes pousses au printemps
5 °C ; 15 ± 5 °C	lumineux ou sombre	été, parfumée	grosses capsules	toxique	surveiller en hiver les cochenilles farineuses ou à bouclier
- 10 °C ; 8 ± 8 °C	lumineux	automne et/ou fin d'hiver	baies bleutées	–	indemne de parasites
- 15 °C ; 5 ± 5 °C	lumineux ou sombre	fin d'été	aromatique	–	indemne de parasites
0 °C ; 8 ± 5 °C	lumineux	sujets âgés	grappes denses	pétioles épineux	risques d'araignées rouges en cas d'atmosphère sèche en hiver

Index

Les folios en **gras** renvoient au tableau d'entretien des plantes.

Crédits photographiques

Toutes les photos sont de **Tanja Ratsch**, exceptées les suivantes :
Borstell : 4, 5 milieu haut, 11 bas, 52, 105 haut, 106 bas.
Gardena : 41.
Reinhard : 7, 30, 33 haut, 45, 47 haut gauche, 47 bas, 67, 84 droite, 98, 100, 101, 104 h, 107 m.
Ruckszio : 79 gauche, 80 gauche.
Seidl : 12, 79 droite, 81 gauche, 108 haut.
Strauss : 5 haut, 5 bas, 6, 8, 9, 10-11, 13, 14, 16, 22 haut droite, 22 bas, 31 droite, 33 bas, 38, 42, 51, 56, 58, 61, 62 gauche, 82, 93, 96, 102 haut, 102 milieu, 102 bas, 103 milieu, 103 bas, 104 bas, 105 milieu, 105 bas, 106 haut, 106 milieu, 107 bas, 108 bas, 109 haut, 109 milieu, 109 bas, 110 haut.

Les photos des pages 4 et 11 bas ont été réalisées dans les jardins Rhulenhof (Ottersum, Pays-Bas), avec leur aimable autorisation.

Dessins de **Sylvia Bespaluk.**